交通运输行业高层次人才培养项目著作书系

马洪生 范 刚 张建经 编著

公路地震灾害损失评估方法

Evaluation Method of Highway Earthquake Disaster Loss

人民交通出版社股份有限公司
北京

内 容 提 要

本书分别对汶川地震中公路的震害进行了总结,建立了桥梁、路基和隧道的易损性模型,并提出了公路震害损失快速评估方法,对震害损失快速评估软件的计算方法和操作进行了介绍。全书共7章,主要内容包括:震害损失易损性研究现状、易损性模型建立地震动参数的选取、路基震害调查及易损性模型建立、桥梁震害调查及易损性模型建立、隧道震害调查及易损性模型建立、公路结构损失比的确定方法、公路震害损失评估软件介绍等。

本书可供从事公路工程抗震减灾相关研究人员学习使用。

图书在版编目(CIP)数据

公路地震灾害损失评估方法 / 马洪生,范刚,张建经编著. —北京:人民交通出版社股份有限公司,2021.12

ISBN 978-7-114-16444-6

Ⅰ. ①公… Ⅱ. ①马… ②范… ③张… Ⅲ. ①公路运输—地震灾害—损失—评估—中国 Ⅳ. ①P316.2

中国版本图书馆 CIP 数据核字(2021)第 256060 号

交通运输行业高层次人才培养项目著作书系
Gonglu Dizhen Zaihai Sunshi Pinggu Fangfa

书　　名:	公路地震灾害损失评估方法
著　作　者:	马洪生　范　刚　张建经
责任编辑:	牛家鸣
文字编辑:	闫吉维
责任校对:	孙国靖　宋佳时
责任印制:	张　凯
出版发行:	人民交通出版社股份有限公司
地　　址:	(100011)北京市朝阳区安定门外外馆斜街 3 号
网　　址:	http://www.ccpcl.com.cn
销售电话:	(010)59757973
总 经 销:	人民交通出版社股份有限公司发行部
经　　销:	各地新华书店
印　　刷:	北京交通印务有限公司
开　　本:	787×1092　1/16
印　　张:	13
字　　数:	280 千
版　　次:	2021 年 12 月　第 1 版
印　　次:	2021 年 12 月　第 1 次印刷
书　　号:	ISBN 978-7-114-16444-6
定　　价:	110.00 元

(有印刷、装订质量问题的图书由本公司负责调换)

交通运输行业高层次人才培养项目著作书系编审委员会

主　任：杨传堂

副主任：戴东昌　周海涛　徐　光　王金付
　　　　　陈瑞生(常务)

委　员：李良生　李作敏　韩　敏　王先进
　　　　　石宝林　关昌余　沙爱民　吴　澎
　　　　　杨万枫　张劲泉　张喜刚　郑健龙
　　　　　唐伯明　蒋树屏　潘新祥　魏庆朝
　　　　　孙　海

本书编委会

主　编：马洪生

副主编：范　刚　张建经

成　员：庄卫林　林均岐　郭恩栋　李　杰
　　　　杨长卫　王祥建　刘金龙　刘振宇
　　　　林国进　吕　红

书系前言
Preface of Series

进入 21 世纪以来,党中央、国务院高度重视人才工作,提出人才资源是第一资源的战略思想,先后两次召开全国人才工作会议,围绕人才强国战略实施做出一系列重大决策部署。党的十八大着眼于全面建成小康社会的奋斗目标,提出要进一步深入实践人才强国战略,加快推动我国由人才大国迈向人才强国,将人才工作作为"全面提高党的建设科学化水平"八项任务之一。十八届三中全会强调指出,全面深化改革,需要有力的组织保证和人才支撑。要建立集聚人才体制机制,择天下英才而用之。这些都充分体现了党中央、国务院对人才工作的高度重视,为人才成长发展进一步营造出良好的政策和舆论环境,极大激发了人才干事创业的积极性。

国以才立,业以才兴。面对风云变幻的国际形势,综合国力竞争日趋激烈,我国在全面建成社会主义小康社会的历史进程中机遇和挑战并存,人才作为第一资源的特征和作用日益凸显。只有深入实施人才强国战略,确立国家人才竞争优势,充分发挥人才对国民经济和社会发展的重要支撑作用,才能在国际形势、国内条件深刻变化中赢得主动、赢得优势、赢得未来。

近年来,交通运输行业深入贯彻落实人才强交战略,围绕建设综合交通、智慧交通、绿色交通、平安交通的战略部署和中心任务,加大人才发展体制机制改革与政策创新力度,行业人才工作不断取得新进展,逐步形成了一支专业结构日趋合理、整体素质基本适应的人才队伍,为交通运输事业全面、协调、可持续发展提供了有力的人才保障与智力支持。

"交通青年科技英才"是交通运输行业优秀青年科技人才的代表群体,培养选拔"交通青年科技英才"是交通运输行业实施人才强交战略的"品牌工程"之一,1999 年至今已培养选拔 282 人。他们活跃在科研、生产、教学一线,奋发有为、锐意进取,取得了突出业绩,创造了显著效益,形成了一系列较高水平的科研成果。为加大行业高层次人才培养力度,"十二五"期间,交通运输部设立人才培养专项经费,重点资助包含"交通青年科技英才"在内的高层次人才。

人民交通出版社以服务交通运输行业改革创新、促进交通科技成果推广应用、支持交通行业高端人才发展为目的,配合人才强交战略设立"交通运输行业高层次人才培养项目著作书系"(以下简称"著作书系")。该书系面向包括"交通青年科技英才"在内的交通运输行业高层次人才,旨在为行业人才培养搭建一个学术交流、成果展示和技术积累的平台,是推动加强交通运输人才队伍建设的重要载体,在推动科技创新、技术交流、加强高层次人才培养力度等方面均将起到积极作用。凡在"交通青年科技英才培养项目"和"交通运输部新世纪十百千人才培养项目"申请中获得资助的出版项目,均可列入"著作书系"。对于虽然未列入培养项目,但同样能代表行业水平的著作,经申请、评审后,也可酌情纳入"著作书系"。

高层次人才是创新驱动的核心要素,创新驱动是推动科学发展的不懈动力。希望"著作书系"能够充分发挥服务行业、服务社会、服务国家的积极作用,助力科技创新步伐,促进行业高层次人才特别是中青年人才健康快速成长,为建设综合交通、智慧交通、绿色交通、平安交通做出不懈努力和突出贡献。

交通运输行业高层次人才培养项目
著作书系编审委员会
2014 年 3 月

作者简介
Author Introduction

马洪生,四川省公路规划勘察设计研究院有限公司教授级高级工程师,四川省工程勘察设计大师,工学博士,注册土木工程师(岩土、道路工程),西南交通大学高速铁路防灾减灾技术研究院特聘研究员。获四川省交通行业抗震救灾先进个人、交通运输部交通青年科技英才、四川省优秀青年工程勘察设计师、四川省学术和技术带头人后备人选等荣誉称号。交通运输部"绿色公路建设示范工程专家咨询组"专家。

长期致力于高海拔复杂艰险山区公路工程地质与岩土工程勘察设计与研究工作,在学科领域内具有扎实的学术水平及科研能力。主持了重庆云万高速公路、辽宁阜朝高速公路、四川汶马高速公路、映汶高速公路等二十余项大型公路地质勘察项目,特别是在四川省四条藏区高速公路之一的汶马高速公路地质勘察工作中,带领勘察组克服高海拔冰冻、灾害多发、交通不便等困难,高效完成了川西典型极重山区高速公路勘察工作,为后续川藏高速公路的顺利推进提供了"探路石"的成功经验。

主持及参与了"四川藏区高海拔高烈度条件下公路建设减灾关键技术研究""汶川地震公路震害评估、机理分析及设防标准评价""板裂千枚岩岩体结构特征及边坡灾害控制技术研究"等十余项省部级科研课题研究,系统总结了汶川、芦山等地震公路震害,研究了地震下公路震害机理和设防对策措施,成果已应用于四川雅康高速公路、汶马高速公路、九绵高速公路等重点工程建设,有效提高了公路防灾减灾能力,并为川藏铁路建设提供了有益借鉴,推动了公路工程地质及岩土工程专业发展。

参编《公路瓦斯隧道技术规范》《汶川地震灾区公路恢复重建技术指南》《川西高原公路隧道设计与施工技术规程》等5部行业、团体标准,成果获省部级科技进步奖11项,省部级勘察设计及咨询奖40余项,获实用新型发明专利授权9项,软件著作权7项,参编专著10余部,发表科技论文40余篇。

前言
Foreword

2008年5月12日14时28分,四川省汶川县发生了里氏8.0级特大地震。这是新中国成立以来破坏性最强、波及范围最广、救灾难度最大的一次特大自然灾害。公路基础设施在此次地震中受到严重的破坏,路基被掩埋和淹没、桥梁垮塌、隧道受损,通往灾区的公路一度完全中断,给抢险救灾带来了极大的困难。

汶川地震发生后,交通运输部各级领导亲赴灾区,在指导公路抗震救灾和公路抢通工作的同时,要求将公路震害详细、客观地记录下来,作为史料保存并加以深入研究。在中国地震局、交通运输部的资助下,本书依托地震行业科研专项"大震生命线工程灾害损失评估新技术研究"(201008005)和交通运输部西部交通建设科技项目"四川藏区高海拔高烈度条件下公路建设减灾关键技术研究"(2013318800020)、"汶川地震公路震害评估、机理分析及设防标准评价"(200831800098),对调查收集的汶川地震震害资料进行了深入的分析和研究,在总结汶川地震公路震害的基础上,对公路易损性模型的建立进行了探索,建立了桥梁、路基和隧道的易损性模型,并结合汶川地震的震后损失调查结果,确定了桥梁、路基和隧道的损失比数据,结合建立的易损性模型,提出了公路的工程震害快速评估方法,并将相关研究成果编制成易于操作的计算机软件,为今后公路震害损失的快速评估提供了一种新的方法。

汶川地震公路震害调查范围覆盖了四川、甘肃、陕西三省重灾区、极重灾区内的所有高速公路和国省干线,以及部分具有典型震害特征的县乡道路,共47条,总长约7074km。调查工作量包括937个公路沿线地质灾害点,600余个实测地质剖面,1488个路基震害点,2207座桥梁,56座隧道,拍摄收集公路震害照片50000余张等。前期的调查成果为本书的研究提供了翔实的资料和样本参数,在此对参与前期调查工作并付出了辛勤汗水的工作者表达诚挚的敬意和衷心的感谢。

本书主要介绍了公路路基、桥梁和隧道的震害调查情况及震害损失评估方法。全书共7章,简述了汶川地震中公路的震害特点,分别建立了桥梁、路基和隧道的易损性模型,提出了公路工程震害损失快速评估方法,介绍了公路工程震害损失快速评估软件。

本书由马洪生、范刚、张建经执笔完成,其他编委会成员参加了初稿的修改、补充及完善工作。

限于作者水平,加之时间紧迫,书中不足之处在所难免,恳请广大读者批评指正。

作　者
2020 年 3 月

目录
Contents

第1章　综述 ··· 1
1.1　地震灾害损失评估研究现状及意义 ··· 1
1.2　国内外大震震害分析 ··· 3
1.3　公路的组成和分类 ·· 6
1.4　公路地震易损性研究现状 ·· 8
1.5　地震易损性模型 ·· 10
1.6　本书研究方法 ··· 14
1.7　汶川地震中地震动参数确定 ·· 17
1.8　本书的主要内容 ·· 21
1.9　本章小结 ··· 22

第2章　路基震害调查及易损性曲线建立 ·· 23
2.1　汶川地震路基震害调查 ·· 23
2.2　路基经验型易损性曲线 ·· 45
2.3　路基破坏概率矩阵法易损性曲线 ·· 51
2.4　本章小结 ··· 62

第3章　桥梁震害调查及易损性曲线建立 ·· 63
3.1　桥梁震害调查 ··· 63
3.2　汶川地震桥梁经验型易损性曲线 ·· 90
3.3　汶川地震桥梁破坏概率矩阵法易损性曲线 ······························· 99
3.4　本章小结 ··· 111

第4章　隧道震害调查及易损性曲线建立 ·· 113
4.1　汶川地震隧道震害调查 ·· 113
4.2　隧道统计性易损性曲线 ·· 133
4.3　隧道破坏概率矩阵法易损性曲线 ·· 138
4.4　本章小结 ··· 144

第5章　损失比的确定以及损失的计算方法 ····································· 145
5.1　已有损失比的确定方法 ·· 145
5.2　汶川地震损失比确定方法 ··· 154

5.3 经济损失的估算方法 ·· 154
5.4 算例 ·· 155
5.5 本章小结 ··· 156

第 6 章 公路震害损失评估软件编制 ··· 157
6.1 软件介绍 ··· 157
6.2 软件操作指南 ··· 157
6.3 本章小结 ··· 166

第 7 章 结论与展望 ··· 167
7.1 结论 ·· 167
7.2 工作展望 ··· 168

附录一 公路次生地质灾害调查表 ·· 170
附录二 路基路面震害调查表 ·· 175
附录三 桥梁震害调查表 ·· 182
附录四 隧道震害调查表 ·· 186
参考文献 ·· 191

第1章 综　　述

公路作为生命线工程,是震后紧急救援、恢复重建的关键一环,对减少地震造成的人员伤亡、经济损失起着至关重要的作用。2008年"5·12"汶川大地震给我国造成了巨大的损失。从救灾过程可以看出,地震灾区的公路生命线工程,暴露出许多抗震抗灾能力不足的问题,特别是汶川、北川、茂县、青川等极重灾县以及254个重灾乡镇的公路交通曾一度中断,导致运送救援人员、救灾物资、药品等的车辆迟迟不能从陆路进入映秀、北川等极重灾区,对灾区救援产生极大的影响。"5·12"汶川大地震造成的公路损坏无疑是巨大的,但是也为总结和提升我国公路工程的抗震技术提供了一次难得的机遇。

1.1　地震灾害损失评估研究现状及意义

1）震害损失评估研究现状

地震是一种具有突发性、破坏力强的自然灾害,对人类危害极大。根据美国国家海洋与大气管理局(NOAA)发表的资料显示,在1900—1979年间全世界682次破坏性地震中,伤亡人数占同期各种自然灾害总伤亡人数的51%,可计算的经济损失高达470亿美元;而1995年日本阪神大地震造成5438人死亡,直接经济损失更高达1000亿美元。我国地处环太平洋地震带和欧亚地震带之间,是地震多发国家,发生地震地区极为广泛,抗震设防的国土面积约占全国国土面积的60%,地震对我国的经济建设和人民生活安危影响极大。如1976年我国唐山7.8级大地震中,死伤人数达40余万人,直接和间接损失约300亿元;2008年的汶川地震,即使发生在人口稀疏的地区,还是夺走了10万同胞的生命。随着城市化程度的推进,人口密集度的增大,地震对人类的危害将变得越来越严重。因此,做好地震预警、震害预测和抗震设防规划工作,有效地减轻地震灾害,对人类具有重要的现实意义。

大量的震害经验表明,地震灾害的经济损失和人员伤亡大都与建筑物和各种设施的破坏程度有关,它们的破坏和倒塌是造成人员伤亡和经济损失的主要原因。因此,针对地震强大的危害性,地震工程界一直努力提出许多方法尽量来减少灾难和损失。另外,地震灾害发生之后如何快速准确地评估工程震害损失也是一个亟待解决的问题,这对于快速地展开灾后重建具有十分重要的意义。

目前常用的工程震后损失快速评估方法有:①基于历史震害资料的震害矩阵方法;②基于性能的易损性分析方法;③以现场调查为依据的检查表方法;④基于遥感影像和航片判读的识别法;⑤基于大量调查资料的统计型易损性模型。基于历史震害资料的震害矩阵损失评估法快速简捷,对承灾体的数据详细程度要求不高,评估结果比较准确,但该种方法的缺点是对建筑类别的划分比较粗略,容易受到历史地震灾害数据完备程度的制约,较难考虑相邻地区的社会经济差异性对震害矩阵的影响等。基于性能的易损性分析方法能较好地考虑结构类型、建筑高度和层数、建筑年代、抗震设防等级等对易损性参数的影响,并划分不同的物业类型来计算经济损失,比较好地克服了震害矩阵方法的一些缺点,但这种方法需要对某一地区的承灾体进行详细分类和细致调查,要建立详细的承灾体数据库,并进行大量的数值计算和统计分析。检查表法通过分数量化,能够更加准确地判定构件的受震害等级以及相应的受害程度,但需要较多的现场调查数据,速度比较慢,尤其对于汶川地震这样的大地震,地貌地质条件复杂,震后重灾区的交通通信中断,使得这种方法受到了很大的限制。以识别航片或遥感图像的识别法可以在图片质量较好的情况下较快地掌握整个区域的震害的大致情况,但需要进行大量的图像识别工作,即使有较高的图像分辨率,在大多数情况下也只能判别建筑物是否倒塌,难以较准确地识别建筑物的破坏程度,且比较容易受到天气条件的影响,在现有条件下只能对灾情进行快速评判。针对统计型易损性模型函数法,在以往的易损性研究中,不同的学者采用了不同的数学模型,例如逻辑回归函数、威布尔分布函数等,绝大多数学者采用双参数的对数正态分布函数作为易损性函数。

除上述这些方法之外,许多研究者还提出了一些其他的方法,如孙柏涛等建立了基于已有震害矩阵模拟的群体震害预测方法,该方法根据已有建筑物震害预测结果,提取影响类似建筑物抗震能力的主要因素如建筑年代、设防标准等,研究其对现有震害矩阵的影响程度,把现有震害矩阵中的抽样单元与预测区域的建筑结构进行类比,给出了预测单元的震害矩阵和已有震害矩阵的贴近度,从而得到预测地区的震害矩阵。高杰等提出了单元破坏度指数法,该方法利用历史震害数据调查统计得到各震害因子的影响系数值,从而得到其建筑结构的破坏指数。陈有库等将房屋的震害资料按5种元素(结构形式、用途、建成年代、层数、质量)进行分类,根据震害的重现性,采用类推原则建立震害预测模型。传统的群体震害预测方法采用对抽样的单体进行详细的单体震害预测,最后统计得出相应的震害矩阵。这种方法能够详细地给出具体建筑物单体的易损性,但它需要单体建筑物详尽的结构特性参数和图纸资料,其现场调查的工作量和费用都非常巨大,不便于实际应用。

2)震害损失评估意义

地震后,政府和社会的紧急任务是立即组织人力物力救灾,尽量减少人员伤亡和灾害损失。应急救灾行动的首要任务是迅速了解灾情,以便根据灾情实际制定救灾对策。地震灾害直接经济损失是判断灾区受灾程度的重要指标,对地震灾害损失进行评估具有如下的重要意义:

(1)根据经济损失的大小,决定救援规模,为中央和地方政府发放救援款项提供依据。

(2)通过对比防灾投入资金与实际的地震灾害经济损失,对地震风险性进行评估,确定防震救灾的最佳决策。

(3)估计地震震害,特别是特大地震的震害损失对国家经济的影响,帮助国家和地方政府及时地进行财政投入和资金安排方面的调整。

(4)积累有关资料,根据造成损失的原因和比例分析,找出薄弱环节,制定符合实际的对策措施。

(5)建立灾害损失评估模型,与其他自然灾害比较,制定有关的防灾策略。

(6)为开展灾害保险提供基础资料。

1.2 国内外大震震害分析

1.2.1 1995年日本阪神地震

阪神地震(Hanshin-Awaji-daishinsai)又称Kobe地震,是1995年日本时间1月17日清晨5点45分发生在日本神户的一场灾难,地震规模为里氏7.3级。震中在距离神户市西南方23km的淡路岛,属日本关西地区的兵库县。该地震是由神户到淡路岛的六甲断层地区的活动引起,属于上下震动型强烈地震。因神户是日本的大城市,人口密集(近105万人),加之发震在清晨,造成人员伤亡较多。据资料反映,震灾区共计死亡5400余人(其中4000余人死于压砸和窒息,占总死亡人数的90%以上),受伤约2.7万人,无家可归的灾民近30万人,毁坏建筑物约10.8万幢;水电煤气、公路、铁路和港湾都遭到严重破坏。神户市作为日本阪神经济区主要城市,在这次强震中受到了极为严重的影响。据日本官方公布数据,地震造成的经济损失约1000亿美元,总损失达国民生产总值的1%~1.5%。这次地震死伤人员之多、建筑物破坏之多和经济损失之大,是继日本关东大地震后72年来最严重的一次,也是在第二次世界大战后50年来日本所遭遇的最大一场灾难。

阪神大地震在日本地震史上具有重要的意义,它直接引起了日本对于地震科学、都市建筑和交通防范的重视。当时,一般日本学者认为关西一带不可能有大地震发生,导致该地区缺乏足够的防范措施和救灾系统,特别是神户周围有相当多交通要道都通过隧道或高架桥,在地震时隧道受损严重,影响了搜救速度。神户市中更因瓦斯外泄加之木造房屋密集,引起快速的连锁性大火,如神户长田区,全部的木造房屋都付之一炬。

在美国国家标准技术研究所(NIST)编写阪神地震震害调查书中,对公路桥梁的震害进行了详细的说明。在调查的桥梁中60%都受到了不同程度的震害,有27座桥梁受到了严重破坏。3号公路(大阪至神户高速公路)遭受中度至严重破坏的桥梁共计552跨、桥墩637个、支座679个。如果把所有程度的震害都考虑在内的话,总计遭受震害的桥梁达1300跨。在恢复通车前,3号公路的桥梁大约有700多个桥墩需要临时修复、50多跨需要重建。新建的5号公路(湾岸高速公路)晚于3号公路修建,虽然公路地质条件更为复杂,但是5号公路建造时采用了1990年最新抗震设计规范,因此地震中5号公路的桥梁并未受到太严重的破坏。本书将此次地震中桥梁震害的类型分为了混凝土桥墩剪切弯曲破坏、钢柱桥墩弯曲鼓胀破坏、横向水平力作用下刚性支座失效、土体液化导致的基础失效。

由我国科研工作者带队的考察团对阪神地震现场进行的公路震害调查表明:

(1)桥梁破坏较重的外因是距离活动断层很近,地震震动强烈,地基失效是其中重要因素。

(2)多数被破坏桥梁建造时间较早(20世纪80年代以前),没有进行韧性校核,体积配筋率不够,抗震设防基准较低。

(3)震害表明,竖向地震影响很大,在设计中需要得到足够重视。

(4)构造措施是抗震的重要环节,有些桥墩破坏就是因为箍筋构造不合理造成的。梁间连接对防止地震时落梁能起到重要作用。

(5)必须监督施工质量,质量和工艺不合格会大大降低抗震性能。

(6)减震支座能起到一定的抗震作用。

(7)独柱支撑并非不能抗震,关键在于计算分析和构造是否合理。

阪神地震对日本支挡结构工程进行了一次实际的检验,受到地震影响的支挡结构大部分分布在城市铁路沿线。重力式挡墙(如浆砌挡墙、素混凝土挡墙和仰斜式挡墙)遭受了较大的震害。遭受震害的钢筋混凝土挡墙并不太多,部分 L 形钢筋混凝土挡墙(LRC 挡墙)虽然受到了峰值达 $0.8g$ 的一段长周期地震动的作用,但仅受到中度震害。加筋土挡墙也只是受到轻微震害,但 Tamata 的一个加筋土挡墙受到了峰值达 $0.8g$ 的地震动作用后发生了滑移和倾斜震害。另外一个在 Tarumi 的加筋土挡墙仅仅发生了轻微变形。在 Tamata 的一个悬臂梁挡墙,由于底部有桩基支撑的影响,也仅发生了轻微震害。Tatsuoka 等人也对 Tamata 受到震害的加筋土挡墙进行了调查分析,认为一般类型挡墙(悬臂梁、重力式挡墙等)在设置了桩基础的情况下其抗震稳定性能和加筋土挡墙相差不大。

为了提高现行挡墙抗震设计水平,Koseki 等人对阪神地震中遭受震害的铁路路基支挡结构进行了稳定性分析。分析考虑地震竖向作用,并采用了拟静态的极限平衡法。研究人员对其潜在破坏模式与实际破坏情况进行对比分析,将临界水平地震系数与最大水平加速度进行了对比分析,通过对比分析可知,建立在拟静力极限平衡理论基础上的潜在破坏模型与实际破坏现象基本一致。分析结果表明,竖向地震作用的影响是可以忽略的。

用最大水平加速度除以 g 作为水平地震系数,对于拟静力极限平衡法计算来说并不合适。对于易受到严重破坏的挡墙(如仰斜式、重力式和悬臂式挡墙),在使用拟静力极限平衡法分析挡墙稳定性设计时,需要引入一个大于 0.6 并小于 1 的系数 C 来代替水平地震系数,对于加筋土挡墙,系数 C 取值 0.6 对外部稳定性要求来说已足够。内部稳定性计算中系数 C 取值要大于外部稳定性计算。

在 1995 年阪神地震后,日本抗震设计规范规定:将发生概率较高、规模中等的地震称为 L_1 地震,发生概率较低、规模较大的地震称为 L_2 地震。地震土压力按照地震动等级的不同采用不同的计算方法:L_1 地震时采用物部—冈部公式,L_2 地震时采用修正的物部—冈部公式。Junichi Kosek 等首先提出修正的物部—冈部公式。基于拟静力极限平衡法,考虑了墙后填土中局部应力效应和破裂面上剪切应力峰值到残余值间的折减效应,计算出地震动土压力。结果显示,在强地震水平荷载作用下墙后填土中形成最初破裂面,随着地震作用导致第二次破裂发生,产生比先前更深的新破裂面。考虑上面提到的现象,Junichi Kosek 提出了修正的物部—冈部土压力计算公式,相比摩尔—库伦公式,该方法能更真实地反映不同填土条件下的不同大小的 ϕ_{peak},在该条件下计算的土压力小于摩尔—库伦理论中的土压力。这种方法适用于高烈度地震作用下的情况,虽然和摩尔—库伦方法相似,但在高烈度地震荷载作用下该方法计算的墙后填土破裂面相比摩尔—库伦理论有所减少,但更符合实际。

1.2.2　1999 年我国台湾集集地震

1999 年 9 月 21 日凌晨 1 时 47 分 12.6 秒,我国台湾发生里氏 7.3 级地震,震中位于台湾南投县集集镇车笼埔断层上,约在日月潭西偏南 12.5km 处,震源深度约为 7.0km,主震持续 102s。震发当日,余震频繁,影响最大的一次是发生在主震之后不到 1 小时的凌晨 2 点 16 分,其震级达里氏 6.8 级。这次余震是造成"9·21"大震房屋毁损的主要原因。台湾的台中、南投两县为"9·21"地震的重灾区。地震发生3周后，台湾当局公布数据显示：死亡2321人、失踪39人、受伤8722人；死亡人数最多的是台中县石岗乡（1138人）和南投县中寮乡（928人），有40845户（2.7万栋）房屋全部倒塌，41393户（2.4万栋）房屋半倒塌。地震造成台湾省内火车全部停驶，核一、核二跳闸断电，高压输电线塔毁损，台湾全省停电。台湾"9·21"地震估计造成经济损失92亿美元，约占台湾地区年生产总值的3.3%。

地震造成的地表断裂及变形对台中、南投、嘉义和云林县的道路桥梁造成了严重的破坏。贯穿全省的东西线路交通严重受损，部分滑坡造成通往中部山区城镇的道路中断长达数周时间，救援人员只能通过直升机和步行进入。中部横贯东西的高速公路 KuKuan 至 TeChi 段在地震中遭受了严重破坏，该路段在1999年9月开始修复，但在2000年5月17日又受到了5.3级余震的破坏。余震导致该路段修复的工作毁于一旦，并造成23人死亡7人失踪。

在前期的地震调查书中，关于公路的震害调查，各国研究人员主要侧重于对破坏规模较大的桥梁和支挡结构进行调查分析。

震后，风险管理解决方案公司对此次地震进行了震害调查，在公共与工业基础设施震害调查一章中对公路桥梁的震害情况进行了说明。调查的590座桥梁中有30%受到不同程度的震害，其中有5座桥梁垮塌，有9座桥梁破坏严重需要全面的维修才能恢复交通，另有16座桥梁轻微受损。台湾所有桥梁基本属于简支预应力混凝土结构，从调查结果看，桥梁的震害和施工质量没有太大关系。垮塌的桥梁基本都位于3号公路上，该公路由北向南经过了台中和南投县，且在车笼埔断层附近，所以大多数桥梁在建造前都采取了抗震设防处理。但是建造在断层上的桥梁（即使是新建不久的桥梁）几乎都受到了严重的破坏。断层造成路基上抬，从而导致桥面板与桥墩错位。一些断层附近连接桥台的路基发生了较大位移，造成了桥梁垮塌震害。多座桥梁的桥墩与桥面板发生了位移导致多条道路临时封闭，但是破坏严重的桥梁数量较少。道路的临时修复主要是为了局部恢复通行能力，整条道路的完全修复则需要几个月时间，特别是在震害严重的台中和南投地区。

美国多学科地震工程研究中心（MCEER）和我国台湾地震工程研究中心（NCREE）震后联合进行了震害调查。在调查书的桥梁震害章节中指出，台中和南投地区的高速公路震害较为严重，出现了断裂带破裂、桥梁垮塌移位、边坡崩塌滑坡和地基土下沉等震害现象。震后10天依然有45km的道路处于封闭状态，有400km的道路限行开放。在台中和南投地区的公路上有几百座桥梁，震害并不十分明显，大多发生了轻微震害，如桥墩处挡墙下沉等。但仍有10%的桥梁发生了中度至严重震害。破坏严重的桥梁主要为简支板梁结构、连续刚构结构和大跨度斜拉结构，且发生在第3~第28跨范围内。集集地震中桥梁震害主要分为以下几类：①支座倾覆；②桥墩柱、沉箱剪切破坏；③柱梁连接构件破坏；④连续梁、简支梁承载力降低；⑤锚索断裂；⑥挡墙破坏；⑦边坡失稳、基础液化和断层错动造成的基础失效。

对桥梁震害调查的总结为：基础位于断裂带上的桥梁非常危险，一旦发生较大位移，桥梁势必会发生垮塌破坏。近场地震动对桥梁影响非常剧烈，尤其对于采用了早期设计规范及方法的老桥更为明显。由于场地破坏造成结构破坏，所以在近场地的大跨度桥梁也是非常容易受到破坏的。另外，在连续梁桥桥台处设置的挡墙和桥台填料（back-fills）对于防止桥梁垮塌起到了关键作用；在桥梁斜跨部分加大支座宽度能有效防止地基失效和扭转带来的破坏。设置剪力键能防止承台上因桥墩偏移而导致的桥梁垮塌。梁柱连接处是荷载传递的关键部位,要特别重视,尤其是偏心连接结构。

我国台湾的地形地貌在世界上来说都比较特殊,近代的建筑大多修建在边坡上和山脚下,在支挡结构设计上相对于北美、欧洲、日本而言,更多地采用了加筋技术。欧美、日本的加筋结构(GRSS)高度一般都小于10m,而我国台湾的加筋边坡有的能达到40m,这类边坡一般都采用多级挡墙支护。台湾支挡结构的填料一般都是采用现场土,相比标准的颗粒土,现场土的运费造价更为经济,特别是在山区。在台湾,加筋边坡一般采用环绕加筋结构,并且在表面种植植物;加筋挡墙一般采用模块加筋结构,高度一般在2~10m范围内。由于土工格栅在台湾造价较低,当地95%的加筋材料采用的是土工格栅,而土工织物和钢筋使用较少。土工合成物加筋土结构主要由制造商对其进行设计,因此对于有特殊应用的土工合成加筋结构,设计上可能会欠缺岩土理论方面的考虑。

1.2.3 2008年我国四川汶川地震

2008年5月12日发生的汶川地震是新中国成立以来破坏性最强、波及范围最广的一次地震,伤亡人数超过10万人。地震发生后,大批的研究者深入地震灾区开展了广泛的震害调查和资料的收集工作,为我国的震害预防和降低地震震害收集宝贵的第一手资料。调查发现:①锚索(杆)地梁或预应力锚索抗滑桩加固的边坡具有较好的抗震性能;②铺设土工格栅或施加加筋材料的路堤边坡工程具有较好的抗震性能,一般填筑路堤特别是高路堤,其抗震性能较差;③含水沙质地层路堤边坡应注意坡脚沙土液化造成的震害,应采取措施防止软弱黏性土层地基震陷造成路面破坏以及坡脚震陷造成的边坡失稳;④建于坡体上的桥台、桥基和桥路过渡段的安全性与坡体稳定性直接相关,应切实加强这些结构所在边坡的抗震设计;⑤对于依山傍水而建的顺河桥,相关边坡的失稳危害桥梁时,应对其采取抗震措施。

汶川地震发生后,本书作者深入汶川地震灾区,对公路桥梁、路基和隧道展开了详细的震害调查,获得了大量的震害资料。所调查的桥梁分别位于12条高速公路、35条国省道及部分县乡级道路上,在四川、甘肃、陕西三省调查的国省干线公路桥梁共计2154座。此外,除国省干线公路外,还调查其他县乡级道路及市政桥梁共计53座。路基震害调查组分别对四川、甘肃、陕西地震灾区国省干道和部分县乡道路约7081km进行了路基震害详细调查。四川省震害调查主要在省内Ⅶ~Ⅺ烈度区范围内进行,调查线路以四川省内国道、省道为主,对部分乡县道路震害情况也进行了调查统计。四川省的调查线路共计40余段约2661km。陕西省调查主要在Ⅵ~Ⅷ烈度区范围内进行,调查线路共计10余段。甘肃省在调查区域内,主要对G212(宕昌至罐子沟段,长316km)典型的路基震害进行了统计和分析,对其中24处路基震害进行了重点分析和归类。隧道的震害调查主要集中于汶川地震极重区和重灾区的四川、陕西和甘肃三省的国省道干线、典型县乡道公路,共调查了18条线路的56座隧道,并将震害破坏形式分为隧道衬砌结构9种、隧道下部结构5种,共14种形式。

关于汶川地震中桥梁、路基和隧道的震害情况将在后续的章节中详细介绍。

1.3 公路的组成和分类

历次地震震害表明,工程结构的地震破坏与工程结构的结构类型有密切关系,如钢筋混凝土框架结构、单层厂房、多层砖房等建筑,在相同烈度下破坏的轻重程度却不同,造成的经济损失也不一样。所以在进行震害调查和评估经济损失时,应将工程结构进行分类,按类别调查震害,估计经济损失。公路主要由路基、路面、桥梁、隧道及各类附属设施组成,本书主要介绍路基、桥梁、隧道的地震震害调查及结构损失评估。

1.3.1 路基

路基主要由路基本体、支挡结构和路基边坡这几类结构组成。

(1)路基本体。路基本体是路面的基础,是按照预定路线的平面布置和设计高程在原地面上开挖和填筑形成具有一定断面形式的线形人工土石构造物。路基本体作为行车部分的基础,设计时必须保持行车部分的稳定性,并防止水分和其他自然因素对路基本体的侵蚀和损害。因此它既要有足够的力学强度和稳定性,又要经济合理。

(2)支挡结构。支挡结构是指用于支撑、稳固路基填土或山坡土体,防止土体坍滑以保持结构后方土体稳定的一种建筑物结构。按照支挡结构的形式划分,震害的支挡结构主要分为重力式挡墙、加筋土挡墙和桩板墙三类。按照支挡结构所处的位置划分,可分为路堑墙与路肩墙(一般简称上挡墙与下挡墙)。

(3)路基边坡。路基边坡主要指路基"红线"以内的边坡,是山区中对道路开挖和填筑,在路基两侧形成的边坡。根据填挖方的不同,分为路堑边坡和路堤边坡。

1.3.2 桥梁

桥梁是公路系统的重要工程结构,也是道路畅通的关键所在。桥梁通常由上部结构、下部结构、支座和附属设施四个基本部分组成。上部结构是路线遇到河流、峡谷等障碍而中断时,跨越这些障碍的结构物。它的作用是承受车辆荷载,并通过支座传递给桥梁墩台。下部结构主要指桥墩、桥台和墩台基础。支座主要用于支承上部结构并传递荷载给桥梁墩台。

桥梁的基本附属设施,包括桥面系、伸缩缝、桥梁与路堤衔接处的桥头搭板和锥形护坡等。震害表明,地震对公路交通的威胁主要是桥梁破坏,桥梁破坏是公路中断的主要原因。

桥梁可以分为如下几类:

(1)按桥梁结构形式,分为梁式桥、拱桥和悬索桥三大基本体系。梁式桥以受弯为主;拱桥以受压为主;悬索桥以受拉为主。由这三大基本体系相互组合,派生出在受力上也具有组合特征的多种桥梁,如刚架桥和斜拉桥等。

(2)按桥梁跨度不同,分为特大桥、大桥、中桥、小桥和涵洞。《公路工程技术标准》(JTG B01—2014)将特大桥、大桥、中桥、小桥及涵洞按单孔跨径或多孔跨径总长分类,见表1-1。

桥 梁 涵 洞 分 类　　　　　　表1-1

桥梁分类	多孔跨径 L(m)	单孔跨径 L_K(m)
特大桥	$L > 1000$	$L_K > 150$
大桥	$100 < L \leq 1000$	$40 < L_K \leq 150$
中桥	$30 < L \leq 100$	$20 < L_K \leq 40$
小桥	$30 < L \leq 8$	$5 < L_K \leq 20$
涵洞	—	$L_K < 5$

(3)按桥梁用途,分为人行桥、公路桥、铁路桥、城市高架桥、立交桥、管道桥、公路铁路两用桥等。

(4)按桥梁主要承重结构所用材料,分为木桥、圬工桥、钢桥、钢筋混凝土桥等。

(5)按桥跨结构的平面布置,分为正交桥、斜交桥、弯桥等。

1.3.3 隧道

在山区修筑公路时,常常会遇到山岭。如果用盘山公路绕过山脊或翻越垭口,必须采用展线的方法。在展线的公路线路上,当上爬的地势高、里程较长、坡度较陡、线形曲折迂回时,技术标准很难提高;如果在山岭的腰部,选择一处高度适中、地形合适的地方,打通一条山洞将山岭两侧的公路连接起来,就可以得到一条捷径,也避免了公路因展线所带来的技术标准低的缺点,这类山洞便是公路隧道。虽然隧道的修建在施工技术上较复杂,工程造价也可能比一般的石方路面要高一些,但是能够提高公路的技术等级和行车效率,降低运输成本,这是任何展线线形方案无可比拟的。公路隧道也可以用于山梁和山嘴对穿;当地质条件不好时,还可以用隧道来代替明挖的垭口路堑。隧道结构构造主要由主体构造物和附属构造物两大类组成。主体构造物是指洞身衬砌和洞门构造物,附属构造物是主体构造物以外的其他建筑物。

隧道可以分为如下几类:

(1)按隧道所处地质条件,分为:土质隧道和岩质隧道。

(2)按隧道所处位置,分为:城市隧道、山岭隧道和水底隧道。

(3)按照隧道的用途,分为:交通隧道、市政隧道、水工隧道和矿山隧道。

(4)按隧道埋置的深度,分为:深埋隧道、浅埋隧道。

(5)按隧道断面形式,分为:圆形隧道、马蹄形隧道、矩形隧道等。

(6)按隧道的长度,分为:特长隧道(公路隧道:$L>3000$m)、长隧道(公路隧道:$1000<L\leqslant3000$m)、中长隧道(公路隧道:$500<L\leqslant1000$m)和短隧道(公路隧道:$L\leqslant500$m)。

(7)按隧道横断面积的大小,分为极小断面隧道($2\sim3$m^2)、小断面隧道($3\sim10$m^2)、中等断面隧道($10\sim50$m^2)、大断面隧道($50\sim100$m^2)和特大断面隧道(大于100m^2)。

1.4 公路地震易损性研究现状

公路作为生命线工程的重要组成,在国民经济生产中扮演了关键性的角色,近年来公路地震风险评估逐渐引起了学界和业界的重视。公路风险评估的主要目的就是针对可能发生的地震条件下,对其造成的公路工程震害及相应损失进行评估。作为一个分布式的网络系统,由于在同一地震事件下研究区域内各个位置所遭遇的地震动激励是不同的,因此其分析流程与传统的个体结构地震风险评估有所不同。总体而言,公路网络系统地震风险评估可以划分为确定性地震风险分析和概率性地震风险分析两大类型。本节针对这两方面的研究现状分别进行概述,同时对地震风险评估软件的应用现状进行介绍。

1.4.1 确定性地震风险分析

确定性地震风险分析(Deterministic Seismic Risk Analysis,DSRA)其主要思想就是采用

一个或者多个地震样本对地震灾害进行描述,其中地震样本的震级及震源位置为确定性参数,通常对地震样本的选择可以采用最不利地震或设计地震。对地震动强度指标和地震引起的结构损伤进行估计时,可进一步采用概率性方法进行。

Kiremidjian 等采用 4 个地震样本事件和 HAZUS 桥梁样本分类方法,针对美国 San Francisco Bay 地区的交通网络进行了地震损失评估。研究中基于地理信息系统(GIS)平台,对研究范围内的公路资料进行调研及处理,并考虑了固定和可变交通流量对网络阻塞的影响。同时基于上述研究流程,进一步对震后应急响应方案进行了评估,并给出 East Bay 地区的 6 家医院选址方案。Padgett 等针对美国 Charleston(South Carolina)地区桥梁网络进行了地震风险损失评估。研究采用矩震级 M_w 分别为 4.0、5.5、7.0 的 3 个地震样本,分别计算了桥梁损伤及相应的经济损失,进而为地震应急响应布置及桥梁加固优先级决策提供相关依据。研究同时对模型中桥梁易损性函数及损失比进行了参数敏感性分析。

当然,确定性地震风险分析本身存在一定的局限性。首先对于相同震级的地震样本事件进行地震损失风险评估,当震源位置发生变更时,两者的分析结论有可能产生矛盾;其次,依据不同地震样本计算得到地震动强度指标数值之间的似然性值得商榷。由此而引申出的概率性地震风险分析能够充分考虑不同震源的影响,并将地震损失风险以超越概率的形式刻画出来。

1.4.2 概率性地震风险分析

概率性地震风险分析(Probabilistic Seismic Risk Analysis,简称 PSRA)针对交通网络系统的空间分布特点,全面考虑所有可能发生的地震对系统产生的影响。与前述确定性地震风险分析不同的是,概率性地震风险分析源于概率性地震危险性分析(PSHA),即分析中充分考虑地震发生的随机性,包含研究区域内地震发生大小和具体位置的不确定性。为了反映地震的概率特性,通常需要模拟生成一系列的地震样本以充分考虑地震发生的不确定性。作为一个完整的概率性地震风险分析,需要充分考虑研究区域内所有断层及其可能发生的地震。近年来在交通网络地震风险相关研究中,多数学者将地震发生的不确定性引入地震损失评估中。

Chang 等提出了一种确定地震样本集的方法并将其应用到分布式的公路概率性地震风险评估中。作者提出了一种有限数目地震样本集的确定方法,即对于样本集中每一个地震样本的选择必须能够充分反映不同级别的系统震后响应,同时地震样本的发生概率依据地震危险性曲线对所有可能发生地震的超越概率加权计算得到。Shinozuka 进一步采用这种方法生成了一系列的地震样本,并将其应用于 Los Angeles-Orange County 地区的交通网络系统地震风险评估。Lee 和 Kiremidjian 重点研究了地震动空间相关性和结构之间损伤相关性对分布式公路地震风险评估的影响。随后 Stergiou 和 Kiremidjia 针对美国 San Francisco Bay 地区的交通网络分析建立了系统的年平均地震风险曲线。研究中除了考虑因桥梁损伤导致的直接损失以外,还在交通运量需求固定的假设之下计算了系统的间接损失。

在概率性地震风险评估中,由于对地震动的不确定性无法通过解析手段进行模拟,许多学者选择 Monte-Carlo 方法模拟生成研究区域内所有可能发生的地震。Taylor 采用传统的 Monte-Carlo 方法模拟了有限时间轴长度上地震动样本,研究中提出一种走查式(walkthrough)表格用于确定研究区域内的地震集合,时间轴的长度需要保证能够生成足够多的地震样本同时反映地震活动的非平稳特性。

1.4.3 地震风险评估软件

20世纪90年代中期,美国联邦紧急事务署(Federal Emergency Management Agency,FEMA)和美国建筑科学研究院合作研究,希望能够建立一套标准化的地震灾害损失评估流程。1997年FEMA公布了地震灾害损失评估软件的第一个版本,命名为HAZardsUS(或简称HAZUS)。其主要功能为区域性地震损失风险评估与震前规划,进而为震后应急响应和重建提供参考依据。经过十余年的发展,如今的HAZUS已经成为一套功能强大的基于地理信息系统(GIS)的区域多重灾害风险评估软件,最新公布的版本$HAZUS^{MH}$-MR2(2006),分析的对象包含建筑工程、生命线工程在内的主要基础设施,同时除地震以外亦包括如洪水、飓风等其他自然灾害类型。

1993—2000年期间,在美国联邦紧急事务署资助下,美国国家地震工程研究中心(Multi-disciplinary Center for Earthquake Engineering Research,MCEER)主持了一项关于高速公路系统抗震设计、评估与修复的研究课题。在这一课题中,研究者开发了一套针对高速公路系统的地震风险评估软件,并取名为Risks from Earthquake Damage to Roadway Systems,简称REDARS。这套系统除了能够对地震中公路系统个体部件(如桥梁、隧道等)的直接经济损失进行评估以外,还充分考虑了诸如桥梁损毁引发交通流量变化对救灾应急与地震重建的影响,因此能够对地震造成的交通网络系统损失进行全面评估。

1.5 地震易损性模型

在地震风险分析中,易损性模型的建立是非常关键的一环。具体来说,对于包括桥梁在内的生命线工程而言,就是将众多结构的性能评估以地震动参数的函数形式表达出来。通常情况下结构的性能可以用损伤概率矩阵或易损性函数表征,前者为不同地震动强度对应的离散概率点所组成的矩阵,其提出的年代相对较早,后者则为连续函数的形式,近20年来多数研究者采用这种形式对易损性进行刻画。

易损性函数是指在给足的地震动强度水平下,结构达到或超越某一设定损伤状态的条件概率,具体如式(1-1)所示:

$$\text{Fragility} = P[\text{LS} \mid \text{IM} = s] \tag{1-1}$$

式中:LS——结构或构件的极限状态或损伤水平;
  IM——地震动强度;
  s——地震动强度具体取值,一般情况下地震动强度多采用地表峰值加速度或者结构基频谱加速度。

由此可见,当易损性函数确定后,给定特定地震动强度则可对桥梁损伤状态作出预测。

由于易损性模型是从概率层面对地震作用下的结构损伤进行评估,20世纪70年代初率先应用于核电站地震风险评估,此后慢慢在土木结构领域推广开来。近十余年来,国际上许多学者对桥梁结构的易损性模型展开了研究,以美国和日本研究较多。

1.5.1 基于专家意见的易损性模型

1985年,美国应用技术协会在联邦紧急事务署的资助下,基于20世纪80年代中期美国加州地区统计得到的大量调研数据,研究并发布了具有里程碑意义的技术报告 ATC-13。报告中依据不同的结构类型、设施属性对统计数据进行分类处理,这其中包含了桥梁工程在内的生命线工程。报告采用损伤概率矩阵对结构易损性进行刻画,由于缺乏既往的震害数据,损伤概率矩阵基于专家意见生成。在结合 71 位专家的咨询调研意见后,对不同结构在不同强度的地震作用下结构达到特定损伤状态的概率作出评估,同时报告中采用的地震动强度指标为修正的麦加利烈度。值得一提的是,在聘请的众多专家中只有 5 位桥梁工程领域的专家,他们将加州地区桥梁划分为常规和大跨两种主要类型,同时对地震作用下桥梁的不同损伤类型进行界定分级并依此作出评估。

1991 年,美国应用技术协会发布了生命线工程地震易损性研究报告 ATC-25。在这份报告中对 ATC-13 报告中的损伤概率矩阵和复原函数进行了修正,同时,针对个体构件易损性的刻画由离散形式的损伤矩阵转化为连续形式的易损性曲线,其中易损性曲线基于原始离散损伤概率数据回归计算生成。还在报告中对损伤函数进行了修正和补充,将原先仅适用于加州地区的损伤函数扩充至全美范围。

基于专家意见的易损性模型存在两个较大的局限性:首先,由于较少涉及既往地震震害数据报告,仅依赖于专家个人的经验意见,故采用这种方法建构的易损性模型具有非常强的主观性;其次,由于研究的工程对象较多,关于桥梁工程的具体分类非常粗糙,因此,计算得到的结果存在非常大的不确定性。

1.5.2 经验型易损性模型

经验型易损性模型(Empirical Fragility Models)通常基于历史上具体发生地震中的桥梁损伤数据而建立,一般首先由震后调查报告获知实际桥梁的损伤,同时由实测地震云图获得地震动参数的空间分布信息,由此通过统计分析获得某一区域内某种桥型的损伤概率矩阵或易损性曲线。

Basoz 和 Kiremidjian 基于 1989 年 Loma Prieta 地震和 1994 年 Northridge 地震的桥梁震害调查资料,按照不同的材料及结构类型定义了 11 种桥梁分类,并对桥梁损伤等级和地表峰值加速度区段划分,统计获得了不同桥型的损伤概率矩阵,同时采用逻辑回归方法生成了易损性曲线。

Shinozuka 等基于 1995 年 Kobe 地震资料和桥梁损伤数据,建立了桥梁易损性统计模型。假设易损性函数为双参数的对数正态分布,采用极大似然方法对未知参数进行估计从而获得桥梁易损性曲线。研究中对计算结果进行了拟合优度检验,同时对两个参数(中位值和对数标准差)进行了区间估计。

Yamazaki 等基于 Kobe 地震高速公路桥梁损伤数据建立了经验型桥梁易损性模型。研究中选择地表峰值加速度 PGA、地表峰值速度 PGV 和 JMA 强度作为地震动强度指标,基于随机差值 Kriging 方法确定桥址处地震动强度,采用最小二乘法回归并结合对数正态分布概率值估计得到分布函数的参数。Tanaka 等依据 1995 年 Kobe 地震资料,在充分考虑桥梁物理损伤和功能丧失两方面因素条件下,建构了基于 GIS 的桥梁损伤数据库。研究采用线性回归方法对正态分布函数的两个参数进行估计,分别计算得到钢筋混凝土桥和钢桥两种桥型的易损性曲线,并和 ATC-13 报告进行了对比分析。

DerKiureghian 基于区域观测数据采用贝叶斯理论建立了生命线工程的易损性分析框架。研究中除考虑了包括系统固有变异性在内的偶然不确定性外,同时考虑了由于模型误差、量测误差及小样本数目导致的认知不确定性。作者介绍了易损性函数的点估计和区间估计方法,最后基于既往震害调查资料对变电所电气设备的地震易损性进行了案例分析。

值得注意的是,经验型易损性模型同样存在一定的局限性:首先,其分析流程依赖于大量的震后桥梁调查样本,对于某一种分类桥型样本数不足的情形,较难于保证易损性分析结果的统计显著性;其次,易损性的建构需要确定桥址处地震动强度数值,采用不同方法建构的地震云图结果存在一定的偏差。

1.5.3 分析型易损性模型

由于缺乏具体地震数据,近些年来各国学者对分析型易损性模型(Analytical Fragility Models)进行了更加广泛和系统的研究。由前述定义可知,易损性实际是建立地震动强度指标和结构损伤水平的某种关系并将其用概率的形式表达出来。对某一具体结构而言,地震动强度指标是和结构的抗震需求相关联的,而结构损伤水平反映了结构的抗震能力,于是问题可以转化为求取结构需求超过结构能力的概率,具体如式(1-2)所示:

$$P_f = P\left(\frac{D}{C} \geqslant 1\right) \quad (1\text{-}2)$$

式中:P_f——结构达到或超越某一特定损伤状态的概率;
$\quad D$——结构的需求;
$\quad C$——结构的能力。

当假设结构的需求和能力都服从对数正态分布的时候,基于中心极限定理结构的易损性可以用对数正态联合分布函数来表征,于是式(1-2)可以写成:

$$P_f = \Phi\left(\frac{\ln \hat{D}/\hat{C}}{\sqrt{\beta_D^2 + \beta_C^2}}\right) \quad (1\text{-}3)$$

式中:Φ——标准正态分布函数;
$\quad \hat{D}$——结构地震需求的中位值;
$\quad \hat{C}$——结构抗震能力的中位值;
$\quad \beta_D$——结构地震需求的标准差;
$\quad \beta_C$——结构抗震能力的标准差。

由上述分析可知,分析型易损性模型的建立需要对在地震作用下的结构需求和能力进行评估。一般在分析中考虑不同地震动的输入反映偶然不确定性,同时考虑桥梁特性(包括材料和结构参数)的不确定性以反映认知不确定性,通过多次计算获得不同桥梁的地震响应,最终由回归分析得到易损性曲线。国际上许多学者采用不同的方法求取桥梁地震响应,如弹性反应谱分析、静力弹塑性分析、动力弹塑性时程分析,不同方法难易程度与计算代价差异很大。

Jernigan 和 Hwang 采用弹性反应谱方法求取 Memphis 地区桥梁易损性曲线,分析中桥梁的抗震需求由弹性反应谱分析获得,结构的抗震能力依据美国联邦应急管理局在 1995 年颁布的《公路桥梁抗震修复手册》确定,采用能力需求比作为判断结构损伤状态的依据。

Mander、Basoz、Shinozuka、Bignell 等学者采用静力弹塑性分析求取不同类型桥梁的易损性曲线。其基本流程基于能力谱方法,分析中考虑材料和结构类型的不确定性,由 Pushover 分析求得结构的能力谱,考虑震源、场地条件和传播路径的衰减,由弹性反应谱折减获得结构的需求谱,两者叠加最终获得结构的性能点。Mande 和 Basoz 通过假设参数标准差的方法,计算得到超越损伤状态的概率,Shinozuka 则采用类似经验型易损性模型分析方法,基于极大似然法对对数正态分布的中位值和对数标准差作出估计。

相较于上述两种方法,近些年更多的学者选择动力弹塑性时程分析生成结构易损性曲线。虽然这种方法的计算代价较大,但是能够更为精确地评估结构在地震作用下的性能响应,其一般流程如下:首先,针对某一区域范围内选择一组地震动记录,可以采用不同震级及震中距生成,使得这些记录能够较为全面地反映出地震动自身的不确定性;其次,对结构的参数(包括材料强度和结构尺寸)进行采样,组合生成一组独立的桥梁模型,并将地震波和桥梁模型配对生成一系列的样本,对每个样本进行动力弹塑性时程分析;接下来,回归分析获得结构需求的概率特征,同时定义桥梁的损伤状态并求出对应每种损伤状态下结构能力的概率特征;最后,计算结构需求超过给定地震动水平下结构能力的条件概率,从而得到结构的易损性曲线。

Hwang 等针对 New Madrid 地震区域建立一座三跨连续梁桥分析模型,基于上述流程生成易损性曲线。值得一提的是,分析中关于地震动的生成与选取,他们首先利用地震学模型考虑震源、传播路径和局部场地土条件生成场地基岩人工地震记录,然后基于非线性场地响应分析软件 SHAKE91 生成一系列的地表加速度记录。Karim 和 Yamazaki 将桥墩简化为单自由度动力系统,选择 Kobe 地震和 Northridge 地震等地震记录,并选择记录 PGA 进行正规化处理至不同的激励水平,依此作为地震动输入,进行非线性地震时程分析,同时选用 Park-Ang 作为结构的损伤指标,再由损伤指标和地震动指标建立桥墩的地震易损性曲线。随后他们通过回归分析获得结构参数和易损性曲线参数的关系,提出一种简化分析方法建立非隔震体系桥梁的易损性曲线,采用这种方法只需知道桥墩高度和墩柱过强比即可生成类似桥梁的易损性曲线。Gardoni 等在既有确定性模型和观察数据的基础上,基于 Bayesian 理论框架建立了独柱式钢筋混凝土桥梁的概率性地震需求模型,进一步结合既往桥梁抗震性能研究,建立了混凝土桥墩及桥梁系统的易损性模型,分析中充分考虑了包括模型误差在内的相关不确定性。Kim SH 等基于 Monte Carlo 方法进行了考虑空间效应地震动作用下的桥梁易损性分析,并与一致激励下的计算结果进行对比,结果显示,不考虑空间效应的墩柱延性需求将被低估,同时计算中对比了不同的地震动参数包括 PGA、PGV、S_a、S_v、S_I 对易损性分析结果的影响。Mackie 和 Stojadinovic 基于美国太平洋地震工程研究中心 2000 年提出的基于性能地震工程的概率性框架,对单柱式钢筋混凝土跨线公路桥梁的地震易损性进行了研究,研究中针对桥梁易损性函数中的地震需求参数、损伤指标和决策变量分别进行了参数化分析。随后 Mackie 和 Stojadinovic 基于相同的框架,对跨线公路桥梁进行了震后功能性评估,研究中基于数值分析建立地震动强度指标和工程需求参数关系,进一步基于可靠度理论和结构性能评估数据库,建立了工程需求参数和损伤指标之间的关系,最后针对三种不同的决策变量:修复成本、承载能力和倒塌控制分别建立了桥梁的地震易损性模型。Choi 和

DesRoches 针对美国中南部地区的四种典型桥梁进行了易损性分析。首先对于每种桥梁进行单个构件的易损性分析,然后基于一阶可靠度理论生成整座桥梁的易损性曲线。计算表明,多跨简支梁和多跨连续钢梁桥在地震作用下较易损,而表现最好的是多跨预应力混凝土连续梁桥。Nielson 和 DesRoches 进一步完善了上述方法,分析中考虑了墩柱、支座、桥台等主要构件的贡献,结果显示,桥梁作为一个系统整体相较于单个构件而言更易损,同时在较高损伤状态下,原先假设全桥易损性等于墩柱易损性的分析结果和真实的计算结果误差超过 50%。随后他们采用相同的流程建立了美国中南部地区 9 种典型桥梁的地震易损性模型,同时将计算结果和 HAZUS-MH 的推荐模型进行了对比分析。Padgett 和 DesRoches 针对多跨简支板梁桥易损性分析中的模型参数,进行了参数敏感性分析,结果显示,参数不确定性对分析结果影响很大。随后他们针对修复后的多跨连续混凝土梁桥进行了易损性分析,重点研究了修复手段对不同构件易损性的影响,同时计算了不同的修复方式对桥梁系统整体易损性的影响。

近些年来,一些特殊桥型的地震易损性引起了研究者的关注,同时研究中不少学者分别针对诸如减隔震措施、场地土液化效应、材料退化效应等相关外部因素对结构易损性的影响展开了研究。Casciati 等采用非线性动力分析方法,在充分考虑不确定性模型参数的基础上建立了某典型斜拉桥的地震易损性曲线。研究同时以美国 ASCE 基准控制模型为蓝本,对被动控制措施下桥梁的易损性进行了对比评估,研究表明构件极限状态的正确界定对于易损性分析结果影响很大。Zhang 等针对美国加州地区典型桥梁,采用非线性动力时程分析方法计算获得桥梁动力响应,同时采用等效静力分析方法对液化侧移效应所导致的桥梁损伤进行评估,进而分别建立各自独立的桥梁地震易损性模型。研究表明,无论是地震动还是液化侧移效应引起的桥梁损伤与桥梁自身结构特征之间具有非常大的相关性。Bignell 等针对美国 Southern Illinois 地区紧急优先通道上的壁式桥墩支承桥梁进行了地震易损性分析。在充分考虑桥梁参数不确定性的基础上生成了 100 座桥梁分析样本,采用一系列人工波对桥梁样本进行非线性地震响应分析,最后基于 Monte Carlo 方法生成桥梁系统的易损性曲线。Sung 和 Su 针对台湾即有钢筋混凝土桥梁结构,研究了碳化效应对桥梁墩柱塑性铰特性的影响,基于 Pushover 方法计算获得桥墩的抗震能力曲线,依此建立了考虑时间依存效应的桥梁易损性曲线。在此基础上计算得到桥梁地震修复成本随地震动强度和运营时间的关系曲面,从而为进一步修复决策提供依据。

1.6 本书研究方法

本书采用震害破坏概率矩阵法和统计型易损性函数法两种方法,主要基于汶川地震的调查数据,建立起大震生命线公路工程的震害快速预测模型。

1.6.1 破坏概率矩阵法

工程结构地震易损性矩阵的建立一般多以实际的震害调查结果为依据。通过大量的震害调查资料来确定出按不同设计烈度要求设计的各种工程结构在不同场地条件下、不同地震烈度作用下发生不同等级的破坏概率。

基于实际震害统计的结构地震易损性矩阵,虽然在群体震害预测中被广泛采用,并得到满意的结果,但是对某一个具体的单体建筑物采用不同文献中提出的方法,所得结果差异较大。因而在震害资料缺乏、样本数量有限的情况下,对于易损性矩阵的建立,常采用理论分析的方法。

国内外常用的震害矩阵建立方法有以下几种:

(1) 神经网络模型分析结构的易损性。神经网络模型输入为反映结构抗震性能的参数,如砂浆等级、楼层参数等,输出为按一定方法计算的指定烈度下的破坏状况的概率分布。由于该模型综合了理论计算法、专家系统法、综合评判法、指标判别方法的长处,因此它是一种综合的结构易损性分析方法。

(2) 概率地震易损性矩阵。该方法的基本思想为:以不同地表峰值加速度(PGA)的调查点建筑物的破坏程度为判断指标,来确定建筑物的震害等级,最后通过概率计算得出不同地震烈度作用下每个破坏等级发生的概率,最终形成地震易损性矩阵。

(3) 多参数结构震害模糊评估方法。该方法通过一个计算程序(多输入多输出)获得结构的最大层间位移、结构的最小振动频率、最大振动频率变化幅值,并把这三个参数作为判断结构破坏的指标。把结构的破坏状态分为四个等级:无破坏、轻微破坏、中等破坏、严重破坏。每个破坏等级都是采用模糊数学中的隶属函数来定义的,并把结构每个破坏等级出现的模糊可能性定义为:不可能、不太可能、可能、很可能。通过破坏指标与隶属函数的关系图,求出相关矩阵。然后对应四个破坏状态的模糊可能性状态向量同相关矩阵相乘,便可求得对应每个破坏状态的模糊易损性。

(4) 基于结构非线性动力反应分析来估计工程结构的地震破坏易损性曲线和地震易损性矩阵的系统性的计算方法。以修正的 Mercalli 烈度作为地震动参数,使用 Monte Carlo 随机模拟方法来确定结构在不同地震动参数下发生不同程度破坏的概率。

本书利用方法(2)介绍的震害概率矩阵方法,根据震害调查资料,获得不同地表峰值加速度(PGA)处的建筑物破坏比矩阵和损失比矩阵,各自经过数学平均之后,两者相乘即得到建筑物震害矩阵。

1.6.2 统计型易损性函数法

在以往的易损性研究中,不同的学者采用了不同的数学模型,例如逻辑回归函数、威布尔分布函数等等,但绝大多数学者均采用双参数的对数正态分布函数作为易损性函数,这一模型最早在 20 世纪 70 年代美国核电站地震风险评估中被采用,其主要原因是因为结构实际强度相较于设计强度可以由一个总体影响因子决定,这个影响因子存在一系列的不确定性。对数正态分布假设下,这个影响因子可以表达为一系列对数分布变量的乘积。本书采用双参数的对数分布函数作为易损性函数。

本书采用以下两种方法,分别建立路基、桥梁和隧道的地震统计型易损性模型。

第一种方法针对某种建筑物类型下每一个建筑物样本及其遭受的损伤状态,各自独立地建构每种损伤状态所对应的易损性曲线。例如,利用从汶川地震获得的建筑物震害样本,分别独立地建立"基本完好""轻微破坏""中等破坏""严重破坏""完全损毁"五种损伤状态对应的易损性曲线。这里假设易损性曲线均为对数正态分布函数,其两个分布参数采用极大似然法进行估计获得。

需要指出的是,依据上述定义不同损伤状态下的易损性曲线,如果由同一样本的子集统计生成,理论上讲各易损性曲线不应相交。但是由于各易损性曲线均假设为对数正态分布且各自独立生成,除非各易损性曲线的对数标准差相同,否则易损性曲线可能发生相交的现象。由上述分析衍生出第二种估计方法,即可假设对数标准差为常数,对各易损性曲线的均值同步进行估计。由常理可知,对于同一地震动水平下建筑物发生轻微损伤状态对应的易损性数值高于发生严重损伤状态对应的易损性数值。因此发生严重损伤状态建筑物可以看作发生轻微损伤状态建筑物的子集,分析中将轻微损伤状态作为严重损伤状态的条件概率加以考虑。在第二种方法中,首先将发生"轻微破坏"损伤状态的易损性曲线作为无条件易损性函数;其次,建立严重一级损伤状态(例如"中等破坏")的条件易损性函数;最后将上面两者相乘获得发生"中等破坏"损伤状态的无条件易损性。依此流程可以相继获得"轻微破坏""中等破坏""严重破坏""完全损毁"四种损伤状态对应的易损性曲线,同时保证各易损性曲线不发生相交。

1.6.2.1 第一种方法

方法一采用极大似然法分别独立地对各易损性曲线参数作出估计,似然函数定义如下:

$$L(c,\zeta) = \prod_{i=1}^{N} F(a_i)^{x_i} [1 - F(a_i)]^{(1-x_i)} \tag{1-4}$$

式中:$F(\cdot)$——某种损伤状态对应的易损性曲线;

a_i——第 i 个调查点对应的 PGA 数值;

x_i——贝努利事件 X_i 的取值,如果损伤状态发生,$x_i = 1$,否则 $x_i = 0$;

N——所有统计调查点的数目。

基于对数正态分布的假设,$F(a)$ 可定义为:

$$F(a) = \Phi\left[\frac{\ln(a/c)}{\zeta}\right] \tag{1-5}$$

式中:a——PGA 数值;

$\Phi(\cdot)$——标准正态分布函数。

$$\frac{\mathrm{d}\ln L}{\mathrm{d}c} = \frac{\mathrm{d}\ln L}{\mathrm{d}\zeta} = 0 \tag{1-6}$$

式(1-6)基于优化算法,求取对数似然函数的极值,并对 c 和 ζ 两个参数进行估计。

1.6.2.2 第二种方法

假设事件 E_1、E_2、E_3、E_4、E_5(图1-1)分别代表了"基本完好""轻微破坏""中等破坏""严重破坏""完全损毁"五种损伤状态,这里"基本完好"作为初始状态,对于所有调查点样本均满足。$P_{ik} = P(a_i, E_k)$ 定义为在地震动强度 PGA $= a_i$ 下随机选择的调查点样本 i 处于损伤状态 E_k 下的概率。

所有易损性曲线均假设为双参数的对数正态分布函数,如下式:

$$F_j(a_i, c_j, \zeta_j) = \Phi\left[\frac{\ln(a_i/c_j)}{\zeta_j}\right] \tag{1-7}$$

式中:c_j、ζ_j——"基本完好""轻微破坏""中等破坏""严重破坏""完全损毁"损伤状态(相应定义为 $j = 1、2、3、4、5$)所对应易损性曲线的均值和对数标准差。

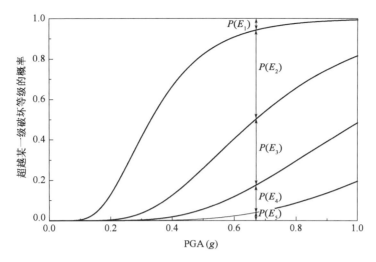

图 1-1 易损性曲线简图

依据假设对数标准差对所有易损性曲线取值均为常数 ζ，于是可得：

$$P_{i1} = P(a_i, E_1) = 1 - F_1(a_i, c_1, \zeta) \tag{1-8}$$

$$P_{i2} = P(a_i, E_2) = F_1(a_i, c_1, \zeta) - F_2(a_i, c_2, \zeta) \tag{1-9}$$

$$P_{i3} = P(a_i, E_3) = F_2(a_i, c_2, \zeta) - F_3(a_i, c_3, \zeta) \tag{1-10}$$

$$P_{i4} = P(a_i, E_4) = F_3(a_i, c_3, \zeta) - F_4(a_i, c_4, \zeta) \tag{1-11}$$

$$P_{i5} = P(a_i, E_5) = F_4(a_i, c_4, \zeta) \tag{1-12}$$

似然函数采用如下形式：

$$L(c_1, c_2, c_3, c_4, \zeta) = \prod_{i=1}^{n} \prod_{k=1}^{5} P_k(a_i, E_k)^{x_{ik}} \tag{1-13}$$

其中，第 i 个调查点对应 $a = a_i$ 下第 k 种状态 E_k 发生时 $x_{ik} = 1$，否则 $x_{ik} = 0$。

$$\frac{\partial \ln L(c_1, c_2, c_3, c_4, \zeta)}{\partial c_j} = \frac{\partial \ln L(c_1, c_2, c_3, c_4, \zeta)}{\partial \zeta} = 0 \quad (j = 1, 2, 3, 4) \tag{1-14}$$

求取对数似然函数极值，对 c_j 和 ζ 进行同步估计。

1.7 汶川地震中地震动参数确定

地震动参数的确定对于统计型易损性模型和破坏概率矩阵法易损性模型的建立至关重要，地震动参数的确定对于课题的开展具有十分关键的作用，地震动参数的确定是易损性模型建立的基础。

地震动强度指标主要分为峰值型、频谱型以及综合型（表 1-2）。其中峰值型和综合型强度指标是常用的地震动强度指标。峰值型地震动强度指标一般是指地震动位移、速度和加速度三者之一的最大值或者某种意义下的有效值；频谱型地震动强度指标描述的是地震动激励作用下不同自振周期的结构反应特性；综合型地震动强度指标通常基于峰值型和频谱型强度指标并结合地震动持时，通过一定的数学运算得到。

各地震动强度指标　　　　　　　　　　　表1-2

类　型	峰　值　型	频　谱　型	综　合　型
地震动强度指标	地表峰值加速度 PGA 地表峰值速度 PGV 地表峰值位移 PGD 持续最大加速度 SMA 持续最大速度 SMV 持续最大位移 EDA	$T=0.2$、0.4、0.6、0.8、1.0、1.2、1.4、1.6、1.8、2.0s 对应的谱加速度 S_a、谱速度 S_v 和谱位移 S_d	Arias 强度 I_a 特征强度 I_c 均方根加速度 A_RMS 均方根速度 V_RMS 均方根位移 D_RMS 比能量密度 SED 累计绝对速度 CAV 加速度谱强度 ASI 速度谱强度 VSI Housner 强度 HI

在以往的易损性分析研究中，不少学者选择谱加速度（Sa）作为地震动参数，对于汶川地震而言，由于无法全面获得大量样本的基频，因此选择谱加速度作为地震动参数并不现实。相较而言，地表峰值加速度（Peak Ground Acceleration）的获得较为直接，本书选取 PGA 作为汶川地震建筑物易损性分析的地震动参数。

在实际研究中，许多学者采用实测 PGA 等震云图（Shake Map）插值求取建筑物处的 PGA，然后进一步加以分析。为了获得 PGA 等震云图，我们首先对四川省内 130 测站和 131 测站记录进行了归纳和统计，并绘制了根据这两个测站数据得到的汶川地区 PGA 的等震云图，由 131 测站数据得到的等震云图如图 1-2 所示，由 130 测站数据得到的等震云图如图 1-3 所示。两者对比可见，PGA 峰值及分布差异均较大，其主要原因在于测站数目较少且间距较为稀疏，故选择对于汶川地震桥梁采用 PGA 等震云图插值获取桥址处 PGA 数值将产生较大误差。

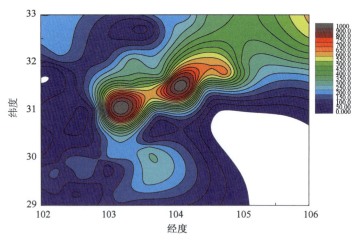

图 1-2　四川省内 131 测站实测 PGA 等震云图（gal）

由于汶川地震建筑物采用 PGA 等震云图插值获取建筑物处的 PGA 数值将产生较大误差，因此，本书利用衰减模型来估计建筑物处的地震动参数 PGA。目前，大家使用的衰减模型大都基于历史数据统计回归得到的经验关系。2006 年，John Zhao 等基于大量日本地震记录数据建立了一个谱加速度衰减模型。2010 年，Ming Lu 等对汶川地震地震动预测模型进行了反应谱比较研究。结果显示，相较于美国学者提出的多个下一代衰减（Next Generation

Attenuation)模型,John Zhao 模型对于汶川地震近场区域内峰值加速度及短周期谱加速度预测最为准确,故本书选择该模型来预测汶川地震的地震动参数 PGA。现将该模型分述如下。

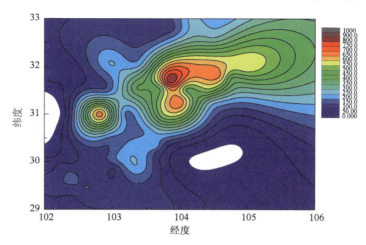

图 1-3　四川省内 130 测站插值 PGA 等震云图(gal)

Zhao 等的衰减模型的表达式为:

$$\ln(y_{i,j}) = aM_{wi} + bX_{i,j} - \ln(r_{i,j}) + e(h - h_c)\delta_h + F_R + S_I + S_S + S_{SL}\ln(X_{i,j}) + C_K + \zeta_{i,j} + \eta_i \tag{1-15}$$

$$r_{i,j} = X_{i,j} + c\exp(dM_{w,j}) \tag{1-16}$$

式中:y——两个水平方向几何平均的 PGA 数值(gal);

M_w——矩震级,参考美国 USGS 汶川地震取值为 7.9;

X——断层距(km),本书断层距取为隧道距断层面最短距离;

h——震源深度(km),$h_c = 15\text{km}$;

δ_h——震源深度修正项,当震源深度小于 15km 该项取值为 0,否则取 1;

F_R——潜没断层地震(reverse fault event)参数,汶川地震取值为 0.251;

S_I——边缘接合地震(interface event)参数;

S_S——俯冲板块地震(subduction slab event)参数;

S_{SL}——板块地震中独立于震级考虑地震传播路径的修正项,对于汶川地震这几项取值均为 0;

C_K——场地类型参数,简化起见,所有场地均取为硬土场地(场地周期 $T = 0.2\text{s} < 0.4\text{s}$,剪切波速 $v_{30} = 600\text{m/s} > 300\text{m/s}$),取值为 0.293;

$\zeta_{i,j}$——地震内部误差;

η_i——地震间误差,针对具体地震事件取值为 0。

其余系数如下:

$$a = 1.101, b = -0.00564, c = 0.0055, d = 1.080, e = 0.01412$$

本书利用了汶川地震记录修正了 John Zhao 等的地震动衰减模型,并利用修正后的模型计算待求建筑物处的 PGA 数值。具体修正方法如下:首先由该模型求取四川省内 131 测站 PGA 预测值,将其与站场实测记录对比,求得两者随断层距的对数残差分布,然后采用线性

回归的方法,计算得到该分布的线性趋势线,其方程为:
$$y = 0.001242x - 0.059721 \tag{1-17}$$

将上式右侧表达式增补于式(1-15)后,得到修正衰减模型。利用该修正后的衰减模型求得四川省内 131 测站 PGA 修正预测值,同时再与站场实测记录对比,求得两者随断层距对数残差分布,如图 1-4 中红点所示,由图示红线可知,修正预测值与实测值的对数残差趋势基本保持水平。

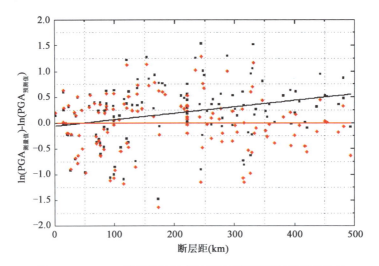

图 1-4　John Zhao 衰减模型对汶川地震记录随断层距对数残差分布

首先依据各调查样本经纬度坐标与断层位置分别求取对应的最小断层距,再采用上述修正后的 John Zhao 衰减模型求取建筑物处的 PGA 数值。同时绘制得到衰减模型 PGA 等震云图,如图 1-5 所示。对比汶川地震等烈度线可见,衰减模型计算得到的地震动参数 PGA 分布特别在近断层区域内与烈度分布较为吻合。因此,采用修正后的衰减模型计算得到的建筑物处的 PGA 值是可信的。

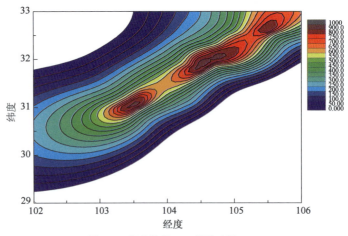

图 1-5　衰减模型 PGA 等震云图(gal)

值得注意的是,本书选用 PGA 作为汶川地震动参数进行震害损失的快速评估,但是对于部分获取 PGA 有困难或是 PGA 不是最优的参数选择的时候,可以选择烈度作为地震动参数。已有的研究已经给出了地震烈度与地震动参数之间的对应关系。林淋、孙景江等人以美国加州 3 次破坏性地震和我国今年来 6 次地震中所获得的强震记录作为数据源，应用最小二乘法进行线性回归，得到了不同地震动参数与烈度间的相关性。经统计发现，在地面加速度峰值、标准累计绝对速度等 12 种描述地震动强度的参数中，各种参数在不同烈度区的烈度识别正确率有着不同的分布，因此采用多元回归的办法，建立了地震烈度与地震动参数之间的对应关系。林淋等人建立的统计公式见表 1-3。

烈度与 PGA 均值的统计关系　　　　　　　　　　　　　　　　表 1-3

烈度 I 与 PGA 均值线性拟合方程	相关性系数 R^2
$I = -3.694 + 4.6011 \lg(\text{PGA})$	0.54
$I = 2.339 + 3.7051 \lg(\text{PGA})$	0.57
$I = 2.568 + 3.8380 \lg(\text{PGA})$	0.52

考虑相关性系数，建议选取公式 $I = 2.339 + 3.7051 \lg(\text{PGA})$ 进行地震烈度与 PGA 之间的转换。

1.8　本书的主要内容

公路作为我国西部山区中生命线的重要组成部分，对西部地区经济发展起到了枢纽的作用。汶川地震的重灾区全部位于山区，公路运输基本上是通往灾区唯一的运输方式，是抗震救灾的生命线。由于地震灾害造成多处山体滑坡，公路大部分中断，山体移位，给抢修公路造成极大困难。为进一步揭示公路在地震作用下的破坏规律和机理，研究探索公路在地震作用下的易损性并估计受损情况，本书主要做了如下研究：

（1）震后课题组前往地震灾区，进行了为期 3 个月左右的现场震害调查，收集了 1400 多处公路路基破坏的调查资料、10000 余幅照片资料。从相关设计单位收集到了包括 G213 都映段、映汶等汶川地震中典型路段的设计资料。为研究工作的开展奠定了丰富的数据基础。

（2）结合调查数据对公路的震害情况做了详细的统计分析。从宏观上对受损线路、震害程度与断裂带走向的关系等因数进行分析，阐释此次汶川地震中公路的总体震害规律。

（3）将公路分为路基、桥梁及隧道来分别进行震害分析。其中，路基分为路基本体、支挡结构和路基边坡三大类；桥梁分为简支梁桥、连续梁桥、钢筋混凝土拱桥和圬工拱桥四种；隧道分为洞口段、普通段和断层破损段三类。根据各类型特征分别做了进一步的统计分析，如路基支挡结构从结构类型、墙高、砌筑方法、地基条件和震害类型等方面进行分析，路基边坡从防护类型、坡高、坡度、边坡岩土特征等方面进行分析，以期揭示公路路基不同结构类型、不同位置处的震害特点和规律。

（4）基于汶川地震中公路的震害调查分析结果，考虑公路及沿线设施修复难易程度，提出了公路震害等级的划分标准。采用修正的地震动衰减模型，对破坏的调查工点所在位置的地震动参数（PGA）进行了估计。分别建立了概率矩阵型和正态分布函数型公路地震易损性模型，采用两种参数估计的方法对双参数正态分布函数易损性模型进行了参数估计，得到了该方法绘制的易损性曲线。最后提出了一种快速评估地震灾害损失的方法，并以都江堰至汶川高速公路上的隧道为例，估算在强震作用下某一条线路上隧道的震害损失情况。

本书建立的公路震害快速评估模型由破坏比（易损性曲线）和损失比组成。损失比指要使建筑物在震后恢复震前功能所需投入的资金和建筑物的造价之比;破坏比指在一定的地震动强度下破坏的建筑物数量占此类型建筑物总数比例,破坏比可以通过灾后调查或是类比的方法获得。在地震发生之后,通过本书建立的评估模型,可以快速计算出某一条线路上不同位置上的某一类工程建筑物(例如路基、桥梁、隧道)发生各级震害的概率。根据已有的损失比资料,某一处的某一类工程建筑物的破坏比乘以损失比并在一条线路上累计求和,即可得到这条线路上这一类工程建筑物的累计损失,以此类推,在地震发生之后就可以快速地对整个地震灾区的公路震害损失进行评估。

1.9 本章小结

本章在详细介绍了1995年日本阪神地震、1999年我国台湾集集地震和2008年我国四川汶川地震震后震害分析之后,总结了公路地震易损性的研究现状,提出了基于震害分析的两种地震易损性模型的建立方法,分别为概率矩阵易损性模型建立方法和统计型易损性模型建立方法,这两种方法的确定为后文的易损性模型的建立提供了理论依据(图1-6)。

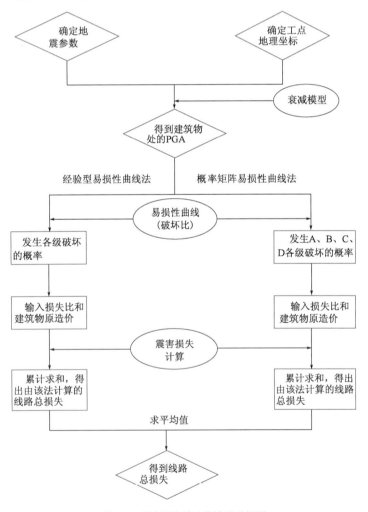

图1-6 震害损失快速估计流程框图

第 2 章　路基震害调查及易损性曲线建立

2.1　汶川地震路基震害调查

2.1.1　概述

公路路基主要由路基本体、支挡结构和路基边坡等部分组成。2008 年汶川地震发生后，四川、甘肃、陕西交通运输厅立即组织技术人员对通往地震重、极重灾区公路进行应急调查和检测，为公路的抢通、保通和恢复重建工作提供了重要的基础资料。路基震害调查组分别对四川、甘肃、陕西地震灾区国省干道和部分县乡道路约 7081km 进行了路基震害详细调查。四川省震害调查主要在省内Ⅶ～Ⅺ烈度区范围内进行，包含了成都市、德阳市、绵阳市、广元市以及甘孜藏族自治州、阿坝藏族羌族自治州等行政区域。调查线路以四川省内国道、省道为主，对部分乡县道路震害情况也进行了调查统计。四川调查线路共计 40 余段约 2661km。国道涉及 G108、G212、G213 和 G317 共计 4 条线路，省道包括 S105、S106、S302 和 S303 共计 7 条线路。陕西省调查主要在Ⅵ～Ⅷ烈度区范围内进行，包括了汉中市、宝鸡市、咸阳市等行政区域。调查线路共计 10 余段。国道包括 G108、G210、G310 和 G316 共计 4 条线路，省道包括 S104、S211、S212、S210、S306、S309 以及姜眉公路眉太段 7 条线路。甘肃省在调查区域内，主要对 G212（宕昌至罐子沟段，长 316km）典型的路基震害进行了统计和分析，对其中 24 处路基震害进行了重点分析和归类。现场调查照片如图 2-1 所示。

图 2-1　现场调查照片

2.1.1.1　现场调查方法

汶川地震发生后，四川省交通运输厅、甘肃省交通运输厅和陕西省交通运输厅立即组织了应急调查小组进入灾区进行公路震害应急调查。调查组在充分收集前期应急调查、检测评估等阶段震害资料的基础上，对极重、重灾区路基路面震害进行了系统补充调查。调查资料包括震害工点的踏勘、震害工点的特征数据测量、震害工点的素描、震害工点的影像资料四个部分。使用的现场调查方法主要是在收集已有设计资料的基础上,与现场补充调查、测量、检测等工作相结合。具体步骤如下:

(1)资料收集:收集极重、重灾区公路的建设年代、线路等级、抗震设防烈度、震害工点的原设计和竣工资料等。

(2)现场调查方法:利用皮尺、钢卷尺、罗盘、照相机、摄像机、GPS 定位仪、激光测距仪、手持水准仪等工具,分不同线路按路线桩号逐步推进调查,填写对应的震害调查表。测量记录的同时,充分利用数码相机、录像机对现场进行拍照和摄影,并进行细致的标识、整理和存储;对部分已被修复的震害工点,尽可能收集曾到达过原始震害现场的人员记录、照片、录像或其他资料。在现场调查过程中,调查人员进一步细化了调查内容,具体如下:

①对一般路基震害进行调查、分类、统计。调查内容包括路面(基)开裂、错台、路基沉陷、路堤滑移等震害类型的模式、程度及范围。

②对支挡防护结构进行震害调查、分类、统计。调查内容包括重力式挡墙、加筋土挡墙、抗滑桩、框架锚杆(索)等支护结构,挂网喷浆、主(被)动网等防护结构在地震及次生地质灾害作用下的震害特点。

③对路基工程结构物进行现场检测,完善调查资料,如对具有震害的抗滑桩、锚头震害的预应力锚索等结构进行现场调查检测等。

2.1.1.2 震害分级说明

按结构类型和所在位置,将路基震害分为:路基本体震害、路基所在边坡震害、支挡结构震害三类(图 2-2)。在实际调查过程中,震害调查人员对这三类震害进行了调查统计。

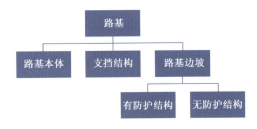

图 2-2 路基结构分类

在评估了路基震害工点的损伤情况和参考了早期震害分级的基础上,考虑了汶川地震公路路基震害的实际情况,结合震后道路使用功能等因素的综合,项目组提出了路基震害分级的概念,具体分为轻微破坏、中度破坏、严重破坏、完全损毁四级,代表不同的震害程度,并以 A、B、C、D 表示。支挡结构四个震害等级的主要特征描述见表 2-1。

支挡结构震害等级划分　　　　　　　　　　表 2-1

等　　级	震　害　特　征
A0 基本完好	无震害或是基本完好
A 轻微破坏	挡墙震害不明显,震害面积(开裂长度)小于挡墙面积(长度)10%,没有丧失支挡功能,震害无须修补,可暂时使用

续上表

等级	震害特征
B 中度破坏	挡墙震害较明显,震害面积(长度)占挡墙面积(长度)10%~30%,墙顶位移明显,震后需进行局部修复
C 严重破坏	挡墙震害明显,震害面积(长度)占挡墙面积(长度)30%~60%,墙顶位移量较大,挡墙失稳,震后需立即进行修复
D 完全损毁	该段挡墙完全破坏,震后需重新修筑新挡墙

路基边坡四个震害等级的主要特征描述见表2-2。

路基边坡震害等级划分　　　　表2-2

等级	震害特征
A0 基本完好	无震害或是基本完好
A 轻微破坏	(1)边坡防护结构震害不明显,震害面积小于结构面积50%,震后不影响边坡防护功能,震后暂时无须修补; (2)无防护边坡没有明显的滑坡、崩塌,有小部分滑塌、溜坍现象,没有对支挡结构和路基本体造成损害,且处于稳定状态,不影响通车
B 中度破坏	(1)边坡防护结构震害较明显,震害面积占结构面积5%~20%,局部防护结构功能被削弱,震后需进行局部修复; (2)无防护边坡有滑坡、崩塌现象,对支挡结构造成了损害,对路基本体小范围造成了损伤,经过路面简单处理能顺利通车
C 严重破坏	(1)边坡防护结构震害明显,震害面积占结构面积20%~50%,防护结构遭到震害,局部功能失效,滑塌体震害支挡结构和路基本体,影响正常通车,震后需立即进行修复; (2)无防护边坡滑坡、崩塌现象较严重,砸毁或整体掩埋支挡结构和路基,造成无法通车,经过一定时间清理才能通车
D 完全损毁	(1)边坡防护结构震害剧烈,震害面积占结构面50%以上,防护功能失效,滑塌砸毁或掩埋支挡结构和路基本体,造成无法通车,经过一定时间清理才能通车,震后需立即重新加固; (2)无防护边坡产生大规模滑坡、崩塌现象,砸毁或整体掩埋支挡结构和路基本体,堵塞河道造成堰塞湖,造成无法通车,经过长时间清理或者改道才能通车

路基本体四个震害等级的主要特征描述见表2-3。

路基本体震害等级划分　　　　表2-3

等级	震害特征
A0 基本完好	无震害或是基本完好
A 轻微破坏	路基表面无明显震害,路面有细微裂缝、轻微凹陷鼓胀现象,不影响正常使用,震后暂时无须修补
B 中度破坏	路基表面震害较明显,路面有开裂错台、凹凸鼓胀现象,裂缝宽度小于10cm,路基边缘有小范围垮塌现象,路堤边坡落石剥落至路面,造成行车不便,经简单处理能顺利通车
C 严重破坏	路基表面震害明显,路面开裂明显,路面错台严重,裂缝宽度大于10cm,路面凹凸鼓胀导致路面损坏,路基边缘部分垮塌,边坡崩塌落石砸落至路面,边坡滑坡掩埋路面,行车空间狭小或无法通行,能步行通过,经过一定时间清理才能恢复通车
D 完全损毁	路基表面震害剧烈,开裂、错台、凹凸鼓胀导致路基彻底失效,路基大部分垮塌、侧移,边坡崩塌落石砸落堆积路面,砸坏路基,堵塞道路,边坡滑坡掩埋路基,无法通行,经过长时间清理才能恢复通车

在调查区域共计7081km范围内,路基震害数量合计为1488处。其中路基本体震害579处,支挡结构震害375处,边坡震害534处。

依据路基震害分级标准所进行的路基震害统计显示:在整个调查范围内,公路路基震害程度主要为轻度和中度,严重震害次之,损毁震害相对较少,占震害总量的11%,Ⅷ度及以下烈度区震害程度轻微,有少量破坏严重的工点。Ⅸ~Ⅺ度区内路基破坏严重,特别体现在路基边坡滑坡、崩塌引起掩埋路基震害。另外,此次汶川地震对公路路基的震害主要发生在断裂带附近的G213、S105、S303三条线上。

2.1.1.3 路基本体震害概况

路基本体由土质或石质材料组成,按路基填挖的情况及其断面形式可分为路堤、路堑及半挖半填三种类型。路基顶面高于原地面的填方路基称为路堤,全部在地面开挖出的路基称为路堑,断面上部分为挖方、部分为填方的路基称为半填半挖路基。

此次调查共统计579处震害路基本体,其分布主要集中在Ⅸ~Ⅺ度区的省道、乡县公路上。调查发现接近一半的震害路基本体位于山腰线路的半挖半填式路基上。按照是否受地震直接作用,路基本体震害可分为两类:一类为受地震直接作用的震害,该类震害占路基本体震害的绝大部分;另一类震害是由次生地质灾害造成的,数量也达到了130处,不容小视。从震害现象的角度划分,沉陷、开裂及掩埋三类震害是路基本体主要的震害现象,其中前两类属于直接震害,后一类属于次生地质灾害造成的震害。

2.1.1.4 支挡结构震害概况

支挡结构特指用来支撑、稳固填土或山坡体,防止坍滑,保持结构后方土体稳定的一种建筑物结构,主要包括挡土墙和抗滑桩(桩板墙)两大类。挡土墙是指支承路基填土或山坡土体、防止填土或土体变形失稳的构造物。抗滑桩是穿过滑坡体深入滑床的桩柱,用以抵抗滑体的滑动力,是稳定边坡的构造物。

在汶川地震中,支挡结构发生震害的模式有:垮塌、墙身剪断、整体倾斜、倾倒、结构表面变形开裂等几类地震直接作用造成的震害;另外,由滑坡、崩塌体次生地质灾害造成的支挡结构被掩埋或砸坏也是主要的震害类型。支挡结构震害主要发生在Ⅸ~Ⅺ度烈度区内,有少数震害发生在Ⅶ、Ⅷ度区内。若按照挡墙的结构形式划分,震害的支挡结构主要分为重力式挡墙、加筋土挡墙及桩板墙三类。调查结果显示,产生震害的支挡结构绝大部分为重力式挡墙,而属于柔性支挡结构的加筋土挡墙和桩板墙的震害较少,所占百分比不到2%(这也与加筋土挡墙和桩板墙工点的总体数量少有关)。若按照支挡结构所处的位置划分,挡墙可分为路堑墙与路肩墙(一般简称上挡与下挡)。从统计结果来看,支挡结构的震害以路堑墙震害为主。

震害挡墙砌筑方式调查的结果显示:相对片(卵)石混凝土挡墙而言,浆砌片(块)石砌筑的挡墙震害占绝大多数。值得一提的是,山区公路多数以浆砌片(块)石砌筑为主,其基数大、施工质量不高是导致受损百分比较高的根本原因之一;另外,干砌挡墙虽然总量不大,但普遍损坏严重。

简而言之,地震灾区公路支挡结构的震害是山地震动和次生地质灾害共同作用产生的,浆砌的重力式挡墙为支挡结构震害的主要结构,并且震害更偏重于路堑式挡土墙。在Ⅶ、Ⅷ

度烈度区的支挡结构基本经受住了地震的考验,采用浆砌片(块)石砌筑的挡墙在高烈度区的抗震性能普遍低于片(卵)石混凝土挡墙。

2.1.1.5 路基边坡震害概况

路基边坡主要指路基"红线"以内的边坡,是山区中对道路进行开挖或填筑,在路基两侧形成的边坡。根据填挖方的不同,其分为路堑边坡与路堤边坡(也称为上边坡与下边坡)。边坡防护结构是指设置在路基边坡,对边坡起加固稳定作用的结构。一般的防护结构有锚杆、锚索、主(被)动网、挂网喷浆等。

在调查和统计中,调查人员将路基边坡和边坡防护结构都划归到路基边坡类。按照防护措施的设置与否,路基边坡可分为有防护结构与无防护结构两大类。防护结构是否设置,直接影响到地震对路基边坡造成的震害程度。调查表明,无防护结构的边坡出现震害数量约高出了设置防护结构边坡震害数量一倍,在高烈度区这一差别更为显著。遭受震害的防护类型主要有实体护面墙、喷灰浆防护、SNS主动网、框架梁锚杆、锚索等几大类。其中护面墙主要发生了垮塌、开裂震害;喷灰浆防护主要表现为剥落、开裂震害;主动网主要被边坡崩塌抛射的落石所冲破;框架梁以发生开裂与变形震害为主,而锚杆锚索的震害主要表现为锚头损坏失效等现象。需要说明的是,实体护面墙一般是为了覆盖各种软质岩层和较破碎岩石的挖方边坡以及坡面易受侵蚀的土质边坡,免受降雨、风化等影响而修建的墙体。因此,与挡土墙不同,护面墙基本没有抗震能力,在地震作用下,相对其他边坡防护结构,它的震害程度与数量更为严重。路基边坡的震害与前两类结构类似,主要发生在Ⅸ~Ⅺ度区,Ⅷ度及以下烈度区几乎没有太多的震害发生。对边坡岩土类型所进行调查时发现,岩质边坡的灾害数量约占总灾害数量的50%。在地震作用下,硬岩质边坡易发生崩塌、落石等灾害,这也是汶川地震中边坡灾害的特点之一。汶川地震边坡灾害受坡度控制。基于5°间隔对坡度控制进行的统计分析结果表明,其中40°~50°范围内边坡震害数量最多,其余区间受损数量依次递减。路基边坡震害的统计结果也显示,在工点所在线路走向平行于发震断裂带的边坡发生震害数量比垂直于断裂带的边坡震害数量大。

2.1.2 路基本体震害统计

2.1.2.1 路基本体在线路分布与烈度区的震害分布

对路基本体震害而言,从震害在各条线路和烈度区的分布、不同类型路基的震害、震害工点所在地质环境等方面进行统计分析,以期达到客观说明汶川地震中的震害趋势和规律的目的。

在调查的线路区段中,路基本体震害共计579处。震害主要集中在断裂带附近的Ⅸ~Ⅺ度区内,震中映秀附近的2条线路映秀至卧龙段(省道S303)、新房子大桥至都江堰段(XN16龙池旅游公路)震害数量最大、受损程度最为严重。另外有10条线路区段基本没有发生路基本体明显受损的情况,这些线路都处在小于Ⅷ度区的范围内。从线路级别所统计得到的结果来看,与支挡结构和路基边坡相比,路基本体更多发生在县乡公路和省道上,国道的震害约占总震害数量的18%,损坏相对较少,各级别震害情况见表2-4。

各省不同级别道路路基本体震害情况统计　　　　　　　　　表2-4

道 路 级 别	四川省震害数（处）	陕西省震害数（处）	甘肃省震害数（处）	震害总数（处）	百分比（%）
国道	82	6	6	104	18
省道	250	7	0	257	44
县乡道路	216	2	0	218	38

Ⅸ～Ⅺ度区内包含绝大部分受损路基本体,共计498处;Ⅷ度、Ⅶ度和Ⅵ度区震害路基本体分别为22处、48处和11处,震害情况统计见表2-5。

各省不同烈度地区路基本体震害情况统计　　　　　　　　　表2-5

烈　　　度	四川省震害数（处）	陕西省震害数（处）	甘肃省震害数（处）	震害总数（处）	百分比（%）
Ⅸ～Ⅺ度	498	0	0	498	86
Ⅷ度	22	0	0	22	4
Ⅶ度	38	4	6	48	8
Ⅵ度	0	11	0	11	2

2.1.2.2　地基条件

调查人员将地基条件划分为岩质、土质以及上土下岩三类进行统计。统计结果表明,路基本体震害主要发生在土质地基路段,占路基本体震害数量的44%。土质加上土下岩地基路段的震害共占总震害数量的72%,岩质地基路段的震害占总震害数量的28%。

2.1.2.3　与断裂带关系

统计时将龙门山地震断裂带视为一条穿越映秀和北川、近似北偏东32°的直线。将调查的震害工点所在线路的走向与断裂带直线进行比较,计算出两者间的夹角,然后依据工点震害数量依次计算每个工点的夹角,得到工点震害与断裂带位置关系的分布情况。

统计结果显示,在夹角0°～90°的范围内,路基本体震害数量随夹角的增大而呈下降的趋势,说明工点所在的路段走向与断裂带越接近于平行关系,震害工点数量越多,越接近于垂直关系,震害工点数量越小(工点所在线路方向与断裂带平行意味着这个工点的路基横断面方向与断裂带方向垂直)。这个结果从一个侧面验证了工程地震学的一个观点:垂直于断裂带方向的地震动较大。

2.1.2.4　路基本体震害类型

路基本体遭受的震害一部分源于地震的直接作用,导致路基工点发生开裂、沉陷、隆起等震害;另一部分是由于滑坡、崩塌等次生地质灾害对路基本体造成的砸坏、掩埋等震害。

在调查统计的579处路基本体震害工点中,一些震害工点具有综合震害类型,例如同时具有开裂、隆起等震害类型。为了解路基本体震害类型的分布,对所有震害类型进行统计,可以看出,路基沉陷、开裂以及掩埋三类震害数量最多,其余类型的震害数量较少。

1)地震直接作用震害

调查人员将由地震直接作用造成的路基本体震害分为沉陷、开裂、坍塌、错台、整体滑移、隆起6类。

（1）沉陷

沉陷类震害是指路基在地震作用下,路基不均匀挤密,发生局部沉陷,或者是路基所在的地基下沉产生的路面凹陷。调查发现,这类震害主要发生在灾区公路的半挖半填式路基及路堑线路上,岩质、土质、上土下岩地基段均有发生。发生沉陷震害的路基工点有141处,其中有75处工点伴随有开裂震害,20处工点伴随有坍塌震害,12处工点伴随有错台震害,13处工点伴随有整体滑移震害,7处工点伴随有隆起震害,也有多处同时发生3类或3类以上的震害。

（2）开裂

开裂类震害指路基产生不均匀变形,导致路面开裂现象。统计结果表明,有133处开裂震害主要发生在路堤和半挖半填路基上,且多发生在土质地基线路段上。其中有75处工点伴随有沉陷震害,21处工点伴随有坍塌震害,21处工点伴随有错台震害,7处工点伴随有整体移位震害,13处工点伴随有隆起震害,3处工点伴随有掩埋震害。

（3）坍塌

坍塌类震害主要表现为路堤边坡局部失稳,发生溜坍。此次调查共统计89处坍塌震害,该类震害在路堑上边坡和土质地基线路段上发生的相对较多。其中20处工点伴随有沉陷震害,21处工点伴随有开裂震害,4处工点伴随有错台震害,9处工点伴随有滑移震害,4处工点伴随有隆起震害,7处工点伴随有掩埋震害。

（4）错台

错台指的是在水泥混凝土或沥青混凝土路面的接缝或裂缝震害处,两板体产生相对竖向位移的现象。调查结果显示,共有41处路基本体工点发生错台震害,主要发生在土质地基线路段以及路堤上。其中12处工点伴随有路基沉陷震害,21处工点伴随有开裂震害,1处工点伴随有整体滑移震害,7处工点伴随有隆起震害。

（5）整体滑移

整体滑移是指在地震作用下,路基本体与地基间发生的一种相互错动的现象。调查线路段发生整体移位震害28处,并且多发生在路堑边坡和土质地基边坡段上。其中13处工点伴随有沉陷震害,7处工点伴随有开裂震害,9处工点伴随有坍塌震害,1处工点伴随有错台震害,7处工点伴随有隆起震害,1处工点伴随有掩埋震害。

（6）隆起

隆起是指在地震作用下,由于路面下土体发生不均匀沉降和横向挤压,使路面发生拱曲现象并开裂。这种上升可能起因于地震的垂向地面运动,也可能由于侧向挤压或拉伸所导致。统计结果表明发生隆起震害的有70处,路堤和路堑上发生的数量相当,并且主要发生在土质地基线路段上。其中5处工点伴随有沉陷震害,13处工点伴随有开裂震害,4处工点伴随有坍塌震害,7处工点伴随有错台震害,7处工点伴随有整体移位震害,7处工点伴随有掩埋震害。

2)次生灾害作用

该类震害由次生灾害造成,主要由于路堑边坡垮塌所引起,在无边坡防护措施(或防护结构失效)的情况下,直接造成对路基的掩埋、砸坏。调查结果显示,汶川地震山区公路路基发生掩埋类震害共计118处,砸坏类震害19处。经统计发现,发生垮塌造成路基掩埋震害主要发生在土质的路堑边坡和陡坡的硬岩路段。

路基本体震害典型图片如图2-3所示。

图2-3 路基本体震害典型图片

2.1.2.5 小结

综上所述,此次汶川地震中路基本体受损情况可归纳为以下几点:

(1)路基本体震害主要发生在半挖半填式路基和斜坡路堤上,路堑相对较少。

（2）路基本体的震害大部分集中于山腰线路段，其次是坡脚线路段，少数发生在山脊线路段。

（3）土质和上土下岩类地基发生的震害数量较大，并且远大于岩质类土的路基震害数量，即修筑在土质地基上的本体破坏严重。

（4）路基本体主要受地震直接作用震害，破坏类型主要为沉陷、开裂震害。

（5）受边坡滑坡崩塌等次生灾害作用造成路基掩埋震害，破坏数量较大，震害同样严重。

2.1.3 支挡结构震害统计

对汶川地震中路基支挡结构震害状况从以下几个方面进行统计分析，分别为：烈度区、支挡结构类型、砌筑方法、地基条件、与发震断裂带方向位置关系以及震害类型。本节分别就重力式路堑、路肩墙的震害状况，对垮塌、倾覆、变形开裂、剪断等震害现象作统计分析说明。

2.1.3.1 支挡结构在调查线路段和烈度区的震害分布

调查的震害支挡结构数量共计 375 处，根据调查情况，震害主要集中在断裂带附近的Ⅸ~Ⅺ度区内，国道 G213 都江堰至映秀段由于跨越了震中映秀，因此震害数量最大、震害程度最严重，远远超过其他线路。在调查的线路中有 7 条线路区段基本没有发生明显的支挡结构震害。在这些线路中，支挡结构的数量较少，并且线路远离发震断裂带。

通过按线路类型分类统计可以看出，由于乡县公路设计等级与省道、国道有差别，且支挡结构抗震等级低，因此震害情况相对严重。国道 G212 和 G213 等因其线路走向靠近断裂带，如国道 G213 都江堰至映秀段经过断层和震中，导致震害严重、震害数量较大。省道在高烈度区分布较少，所以震害相对较低，但这三类线路震害的百分比都接近或超过了 30%（表 2-6）。

各省不同级别道路支挡结构震害情况统计　　　　表 2-6

线路类型	四川省震害数（处）	陕西省震害数（处）	甘肃省震害数（处）	震害总数（处）	百分比（%）
国道	117	2	18	137	36.5
省道	106	6	0	112	29.9
县乡道路	124	2	0	126	33.6

Ⅸ~Ⅺ度区内包含受损线路 19 段，受损支挡结构 304 处；Ⅷ度区内有受损线路 6 段，震害支挡结构 13 处；Ⅶ度区震害线路 8 段，受损支挡 48 处；Ⅵ度区震害线路 10 段，受损支挡 10 处。根据表 2-7，从震害数量在烈度区中分布能看出，由于位于Ⅷ度区的线路数量远少于Ⅶ度区的数量，因此Ⅶ度区内的支挡结构震害数量大于Ⅷ度区的数量似乎是合理的。从震害严重程度进行比较，Ⅷ度区的支挡结构震害较Ⅶ度区严重。

各省不同烈度地区支挡结构震害情况统计   表 2-7

烈　　度	四川省震害数（处）	陕西省震害数（处）	甘肃省震害数（处）	震害总数（处）	百分比（%）
Ⅸ~Ⅺ度	304	0	0	304	81.1
Ⅷ度	12	0	0	13	3.5
Ⅶ度	42	0	6	48	12.8
Ⅵ度	0	10	0	10	2.7

2.1.3.2 支挡结构震害类型

在调查的支挡结构震害中以重力式路堑挡墙为主。调查中发现有部分重力式挡墙进行了加固处理，形成了诸如锚索框架挡墙、锚杆式挡墙等，该类挡墙在统计时都统一归于重力式挡墙的范畴。据统计，重力式挡墙的震害数量为371处，占震害总数的98.9%，此外加筋式挡墙与抗滑桩(桩板式挡墙)的震害总共发生4处，当然这一数据也与加筋挡墙和抗滑桩在震区数量较少有关。结合后面章节对加筋土挡墙和抗滑桩的抗震机理分析，可以综合认为柔性支挡结构具有良好的抗震性能。震害的支挡结构中，58%为路堑式挡土墙，42%为路肩式挡墙。

2.1.3.3 挡墙的砌筑方法

对313处震害支挡结构工点的砌筑方法进行了统计归类，灾区公路挡墙主要由浆砌和片(卵)石混凝土砌筑，调查时也发现了少数干砌挡墙，因此在统计时按砌筑方法将挡墙分为：浆砌片(块)石挡墙、干砌挡墙、片(卵)石混凝土挡墙三种。表2-8调查结果显示，在地震作用下以浆砌片(块)石砌筑的挡墙震害为主，占震害总数的74.1%，而片(卵)石混凝土砌筑挡墙的震害比占21.4%。

不同砌筑方法震害情况统计   表 2-8

砌 筑 方 法	震害总数（处）	百分比（%）
浆砌片(块)石	232	74.1
片(卵)石混凝土	67	21.4
干砌	14	4.5

2.1.3.4 地基条件

调查统计时将震害的支挡结构所在地基土分为土质、岩质及上土下岩三类。根据219个工点的地基条件统计，得到对应的支挡结构震害数量与百分比如表2-9所示。从统计结果可知，发生震害的挡墙大部分位于土质或上土下岩地基上，而在岩质地基上的震害数量不到总数的1/4，并且路堑挡墙的震害数量较大。

不同地基条件震害情况统计   表 2-9

地 基 条 件	震害总数（处）	百分比（%）
土质	128	58.4
上土下岩	42	19.2
岩质	49	22.4

2.1.3.5 震害与断裂段关系

近似假定龙门山中央断裂带为北偏东32°的直线,将调查得到的震害挡墙所处的线路走向与汶川地震发震断裂带直线进行比较,可以看出,当支挡结构所处的线路走向与断裂带平行时,支挡结构的震害数量较多;随着工点路段走向与断裂带夹角增大,支挡结构的震害数量逐渐减小。即挡墙临空面法向垂直于断层时,震害严重。

2.1.3.6 震害类型

根据调查资料,对挡墙的震害类型进行了分类统计,见表2-10。

挡墙震害情况统计　　　　　表2-10

震害类型	震害数量(处)	百分比(%)
垮塌	159	40.3
变形开裂	101	25.6
倾斜	66	16.7
掩埋	28	7.1
落实砸坏	17	4.3
剪断	14	2.5
随路基下沉	7	1.8
其他面板脱落	3	0.8

(1)垮塌类震害,主要表现为挡墙墙身垮塌、墙后土体滑移或墙后边坡滑塌。垮塌类包括整体垮塌和局部垮塌两种,由于局部垮塌数量较多,因此垮塌类的数量较大。垮塌的主要原因是由于墙后土体在地震作用下土压力作用急剧增大,以致超过挡墙抗滑或抗倾能力,从而发生垮塌。另一原因是由于墙后边坡滑坡,直接冲毁挡墙。

(2)剪切类震害,主要表现为挡墙墙身被剪断,使上半部分移出。发生该类震害主要是由于挡墙墙体局部抗剪强度不足,并常发生在浆砌和干砌挡墙中。

(3)变形开裂类震害,主要表现为挡墙墙身出现裂缝、鼓胀现象。主要原因是由于墙后土压力作用增大,超过挡墙墙身的抗剪能力,导致挡墙墙身出现裂缝、鼓胀现象。一般来说,这种震害类型出现在浆砌和干砌片石或块石挡墙中。

(4)倾斜类震害,主要表现为挡墙墙身向外倾斜,墙顶产生位移等现象。主要原因是由于地震中墙后土压力作用增大或土质地基沉降而产生倾斜。

(5)掩埋类震害,主要表现为挡墙墙体被碎石或土体全部掩埋。由于墙后边坡在地震作用下发生滑坡崩塌等震害,滑落的土体或碎石将挡墙全部掩埋。

(6)砸坏类震害,主要为路堑边坡崩塌滑落的块石对挡墙造成的震害,属于次生灾害作用。

除以上几类震害外,调查发现挡墙还遭受了一些其他类型的震害,包括挡墙施工缝产生错台(2处)、墙面板脱落(1处)等。由于路堑挡墙和路肩挡墙所在的位置不同,并且路堑挡墙多为倾斜式重力式挡墙,路肩挡墙多为衡重式重力式挡墙,所产生的震害数量也不相同。为了对支挡结构震害有更深入和准确的分析,以下对路堑挡墙和路肩挡墙的震害调查结果分别进行分析。

2.1.3.7 路堑挡墙震害

路堑挡墙和路肩挡墙所在位置不同,墙高不同(路肩墙平均高于路堑墙),进而在地震作用下所表现出来的破坏特征也不同。以下对震害数量最多的重力式路堑挡墙进行统计分析,包括墙高、砌筑方法、地基条件等内容,以及路堑挡墙震害类型的详细情况。

(1) 墙高

选取设计资料较齐全的国道 G213 都江堰至映秀段,将路堑挡墙总数与震害数量统计对比,统计结果显示,震害路堑挡墙与占修筑挡墙总数的长度比(或者数量比)随着挡墙高度的增加而增大,与震害实际情况一致,见表 2-11。

不同墙高震害情况统计 表 2-11

墙高范围 (m)	挡墙总长度 (m)	破坏长度 (m)	长度比值 (%)	挡墙总数 (处)	破坏数量 (处)	破坏比例 (%)
≤4	1248.917	564.9	45	51	11	22
4~6	791.582	481.6	61	23	10	43
6~8	820.45	546	67	13	10	77

(2) 砌筑方法

调查中对受损路堑挡墙中的 147 处工点的砌筑方法进行了统计归类,主要分为浆砌片(块)石砌筑、片(卵)石混凝土砌筑及干砌三种,具体震害数量与百分比如表 2-12 所示。

不同砌筑方法震害情况统计 表 2-12

砌筑方法	震害总数(处)	百分比(%)
浆砌片(块)石	104	70.7
片(卵)石混凝土	34	23.1
干砌	9	6.1
总计	147	100

调查结果显示,浆砌路堑挡墙主要表现为垮塌和变形开裂类震害,片(卵)石混凝土路堑挡墙主要表现为掩埋和倾斜类震害,干砌路堑挡墙主要出现垮塌类震害。混凝土路堑挡墙因整体性较好,不容易发生局部鼓胀变形,而易发生倾斜震害。浆砌和干砌挡墙相对来说整体性较差,更易于发生垮塌类破坏。

(3) 地基条件

对 130 处受损路堑挡墙工点所处的地基条件进行统计归类,总体分为土质、岩质及上土下岩三类,具体震害数量与百分比如表 2-13 所示。

不同地基条件震害情况统计 表 2-13

地基条件	震害总数(处)	百分比(%)
土质	71	54.6
上土下岩	42	32.3
岩质	17	13.1

从表 2-13 可知,土质及上土下岩地基上的路堑挡墙受损较严重,岩质地基上的挡墙震害较少。路堑挡墙主要出现垮塌、变形开裂、掩埋和倾斜震害。在不同地质条件下,重力式路堑挡墙发生震害的类型也不尽相同,土质地基上挡墙震害类型更为复杂,出现了约 10 种类型的破坏。

2.1.3.8 路堑挡墙震害类型

根据路堑挡墙中的 163 处工点的调查资料,将每个工点发生的一处或者多处震害进行了归类。路堑挡墙的震害主要分为垮塌、变形开裂、掩埋、倾斜、剪断、砸坏、下沉和其他类型震害几大类,见表 2-14。

路堑挡墙震害情况统计　　　　　　　　　　　　　　　表 2-14

震 害 类 型	震害数量(处)	百分比(%)
垮塌	73	40.3
变形开裂	53	25.6
倾斜	25	16.7
掩埋	27	7.1
落实砸坏	14	4.3
剪断	7	2.5
随路基下沉	4	1.8
其他震害	1	0.8

(1) 路堑挡墙垮塌震害

垮塌震害是挡墙最为常见的一类震害,重力式路堑挡墙震害同样如此。在发生垮塌震害的 73 处路堑挡墙中,采用浆砌片(块)石砌筑的路堑挡墙占 84%,片(卵)石混凝土砌筑 7%处,干砌占 9%。由于浆砌和干砌路堑挡墙整体性较差,发生垮塌破坏趋势更为明显。就地基条件而言,对于该类震害挡墙地基为土质地基的占 46%,岩质地基占 44%,另外上土下岩地基占 10%。路堑挡墙发生垮塌震害主要是由墙后土体对其造成的整体震害,因此从数据来看路堑挡墙发生垮塌震害与其地基土类型并无太大关系。

(2) 路堑挡墙变形开裂震害

发生变形开裂震害的 53 处路堑挡墙中,浆砌片(块)石砌筑占 75%,片(卵)石混凝土砌筑占 21%,干砌占 4%;地基为岩质岩土占 24%,土质岩土占 61%,上土下岩占 15%。从地基土类型可以推断边坡岩土特征;由土质地基破坏占多数推断可知,变形开裂挡墙多位于土质边坡下。

(3) 路堑挡墙掩埋震害

发生掩埋震害的挡墙中,挡墙砌筑方式为浆砌片块石砌筑的 12 处,片(卵)石混凝土砌筑的 13 处,干砌的 2 处。地基为岩质的 4 处,为土质的 17 处,为上土下岩的 6 处。掩埋震害主要因墙后边坡垮塌造成,与挡墙砌筑类型并无直接关系,通过地基土统计能间接知道路基边坡类型,因此根据统计结果可以发现,掩埋震害多发生在土体边坡下的支挡结构。

被掩埋的路堑挡墙墙高与震害路堑挡墙平均墙高(3.26m)相比较矮,没有出现高于 3m 的挡墙发生掩埋破坏,最大高度为 3m,最小高度为 0.3m,平均高度 1.63m,具体高度区间与震害数量的关系见表2-15。

路堑挡墙墙高与震害的关系 表2-15

墙高范围(m)	百分比(%)
0~1	18.5
1~2	55.6
2~3	25.9

(4)路堑挡墙倾斜

发生倾斜震害的25处挡墙中,砌筑方法为浆砌片块石砌筑的占64%,片(卵)石混凝土砌筑的占32%,干砌的占4%。另外,发生倾斜挡墙的地基为岩质条件的占11%,土质条件的占83%,上土下岩的占6%。

2.1.3.9 路堑挡墙震害小结

(1)统计样本中,震害点墙高主要是4m以下的路堑挡墙,震害路堑挡墙平均高度为3.26m。

(2)震害路堑挡墙以浆砌片(块)石砌筑为主。由于砌筑方法不同,地震作用下所产生的破坏也有所不同,片(卵)石混凝土挡墙因整体性较好,更多地表现为局部鼓胀开裂和倾斜破坏。浆砌片(块)石和干砌挡墙相对整体性较差,更多地发生垮塌类破坏。

(3)震害路堑挡墙多位于土质地基上,且土质地基上挡墙震害类型更为复杂多样。

(4)路堑挡墙的震害主要为垮塌、变形开裂、倾斜和掩埋四类。浆砌和干砌一类的挡墙易发生垮塌破坏;变形开裂震害主要发生在浆砌和干砌挡墙,且在土质边坡下发生数量较多;掩埋震害主要发生在土质的高陡崩塌边坡下;倾斜震害主要发生在不稳定边坡处,多由边坡失稳引起。倾斜产生的墙顶位移平均为33cm。

2.1.3.10 路肩挡墙震害

(1)震害墙高

在调查记录的路肩挡墙中,最大高度为15.5m,最小为0.8m,平均高度为4.84m,相比震害路堑挡墙较高(路堑墙高3.26m)。发生震害的路肩挡墙墙高主要发生在2~8m内,在此区间内震害的路肩挡墙数量累计占总体的80%左右。具体高度区间与震害数量的关系如表2-16所示。

不同墙高震害情况统计 表2-16

墙高范围(m)	百分比(%)	墙高范围(m)	百分比(%)
0~2	2.4	6~8	22.0
2~4	24.4	8~10	9.8
4~6	34.1	10以上	7.3

注:百分比指该墙高范围内路肩挡墙破坏数与路基震害总数的比值。

(2)砌筑方法

对调查的92处路肩挡墙震害工点的砌筑方法进行了统计归类,大致分为浆砌片(块)石砌筑、片(卵)石混凝土砌筑和干砌三种。具体震害数量与百分比如表2-17所示。

不同砌筑方法震害情况统计　　　　　　　　　　表2-17

砌 筑 方 法	震害总数(处)	百分比(%)
浆砌片(块)石	78	84.8
片(卵)石混凝土	10	10.9
干砌	4	4.3

浆砌的路肩挡墙主要产生垮塌、倾斜和变形开裂震害,片(卵)石混凝土路肩挡墙主要发生垮塌震害,干砌路肩挡墙主要发生垮塌震害。浆砌挡墙比片(卵)石混凝土挡墙发生更多类型的震害。浆砌路肩挡墙的整体性不如片(卵)石混凝土路肩挡墙,是造成浆砌片块石砌筑挡墙震害类型较为复杂的因素之一。片(卵)石混凝土路肩挡墙中没有发生剪断、下沉等震害可能也与其整体性较好和墙前填土产生的主动土压力影响有关。

(3)地质条件

对调查得到的81处受损路肩挡墙工点的地基条件进行了统计归类,分为土质、岩质和上土下岩三类基础条件。具体震害数量与百分比如表2-18所示。

不同地基条件震害情况统计　　　　　　　　　　表2-18

地 基 条 件	震害总数(处)	百分比(%)
土质	53	65.4
上土下岩	4	5.0
岩质	24	29.6

土质地基受地震作用本身会发生沉降、滑移、液化等震害,因而修筑在上的路肩挡墙易发生更多类型的震害(图2-4)。土质地基上的受损路肩挡墙主要产生垮塌、变形开裂和倾斜震害,岩质地基上的受损路肩挡墙主要产生垮塌和剪断震害,上土下岩地基上的受损路肩挡墙主要产生垮塌、变形开裂、掩埋和倾斜四类震害。

图2-4　国道213 K1008+800~K1008+840处路肩挡墙垮塌(墙高4m,浆砌片石砌筑)

2.1.3.11　路肩挡墙震害类型

现场调查统计中,对119处受损路路肩挡墙工点进行了统计。路肩挡墙的震害大致分为垮塌、倾斜、变形开裂、剪断、砸坏、下沉和其他类型,主要以垮塌震害为主。具体震害数量与百分比如表2-19所示。

路肩挡墙震害情况统计　　　　　　　　　　表2-19

震害类型	震害数量(处)	百分比(%)
垮塌	69	58.0
变形开裂	19	16.0
倾斜	23	19.3
落石砸坏	2	1.7
剪断	2	1.7
随路基下沉	2	1.7
其他震害	2	1.7

(1)路肩挡墙垮塌震害

在发生垮塌震害的挡墙中,85%为浆砌片块石挡墙,8%为片(卵)石混凝土挡墙,干砌挡墙占7%;约62%处于土质地基,岩质地基上占5%,上土下岩地基上占33%。砌筑类型的路肩挡墙因其整体性较差,更易于受地震动下墙后填土压力作用发生垮塌破坏,特别在土质地基上。

(2)路肩挡墙变形开裂震害

发生变形开裂震害的挡墙中,浆砌挡墙为15处,片(卵)石混凝土挡墙为2处,干砌挡墙为1处;土质地基上有震害的挡墙为11处,上土下岩地基上为2处。

(3)路肩挡墙倾斜震害

在发生倾斜震害的路肩挡墙中,浆砌挡墙为19处,片(卵)石混凝土挡墙为2处,其他砌筑方法为1处。土质地基上震害的挡墙为9处,上土下岩地基上为2处。路肩挡墙发生倾斜破坏与地基土类型有着明显的联系,与岩质地基相比,土质地基的地基容许承载力较小,易发生地基变形,从而导致墙体倾斜。

2.1.3.12　路肩挡墙震害小结

(1)统计样本中,发生震害的重力式路肩挡墙的墙高主要分布在2~8m,受损路肩挡墙平均高度为4.84m,高于路堑挡墙的墙高分布范围和平均高度。

(2)震害路肩挡墙主要为浆砌片(块)石砌筑。由于砌筑方法的不同,挡墙结构的整体性不同,通过调查发现浆砌挡墙比片(卵)石混凝土挡墙易发生更多类型的震害。

(3)路肩挡墙的震害主要发生在土质地基上,震害类型表现为垮塌震害。土质地基受地震作用本身会发生沉降、滑移、液化等震害,因而在其上修筑的路肩挡墙易发生震害;而岩质地基上的路肩挡墙基本没有震害。

(4)重力式路肩挡墙的震害主要为垮塌、变形开裂及倾斜三类,与路堑挡墙震害类型分布大致相同。

(5)路肩挡墙和路堑挡墙在墙高上的差别并没在导致震害程度上有太大的差别。由于位置不同,路堑挡墙砌筑在路基本体上,墙后紧邻边坡;而路肩挡墙直接砌筑在地基上,墙后为路基本体。从统计结果来看,路堑挡墙发生的震害类型更为复杂,数量也较多。例如掩埋震害,就是由于路堑边坡的垮塌导致的路堑挡墙震害。而路肩挡墙墙后有路基本体,可作为一个缓冲区抵御掩埋震害的发生,因此路肩挡墙基本没有发生该类震害。

2.1.3.13 小结

(1)支挡结构震害主要发生在Ⅷ度以上的高烈度地区。

(2)震害支挡结构主要为重力式挡土墙,柔性支挡结构在汶川地震中表现出了良好抗震性能。路堑挡墙破坏较路肩挡墙严重,这与路基边坡发生大量震害有关。

(3)震害挡墙所在地基主要为土质地基,即土质地基上修筑的挡墙在地震中抗震性能较弱。

(4)支挡结构的临空面法相方向与断裂带垂直时,支挡结构越容易产生破坏,当趋于平行时震害较少。

(5)受地震直接作用挡墙主要发生垮塌、变形开裂以及倾斜破坏,另外在高烈度区边坡垮塌对挡墙造成的冲毁、掩埋、砸坏等破坏也同样严重。

2.1.4 路基边坡震害统计

2.1.4.1 路基边坡在调查线路段和烈度区的震害分布

根据调查资料可知,调查的震害的线路中,包括 5 条国道,分别为 G108、G212、G210、G213 和 G317;省道 6 条,分别为 S105、S205、S210、S301、S302 和 S303;其他公路主要为四川省内县道 X120、XU09、X101、XH10、XN16 龙池旅游公路、XFOS/22 广青路、XN42 彭龙路与彭自路。以上国省干道及部分县乡公路边坡震害数量如表 2-20 所示。震害情况照片如图 2-5～图 2-9 所示。

各省不同级别道路路基边坡震害情况统计　　　　　表 2-20

线 路 类 型	四川省震害数(处)	陕西省震害(处)	甘肃省震害数(处)	震害总数(处)	百分比(%)
国道	208	1	0	209	39.1
省道	230	0	0	230	43.1
县乡道路	95	0	0	95	17.8

图 2-5　G213 都江堰至映秀段边坡震害

图 2-6　G317 卓克基至理县段边坡震害

图 2-7　S302 茂县至北川段边坡震害

图 2-8　S303 映秀至卧龙段边坡震害

2.1.4.2　边坡震害与烈度区关系

为了全面了解汶川地震中边坡的震害现象，根据汶川地震烈度区划图，把震害区域划分为极重灾区、重灾区、一般灾害区和轻度灾害区。极重灾区主要位于地震烈度在Ⅸ度及以上烈度区，重灾区于Ⅷ度区内，一般灾害区位于Ⅷ度及以下区域。在调查中把公路按公路等级划分为国道、省道及乡县公路。整个调查工作主要集中在四川省境内。

图 2-9 县道三江至漩口段边坡震害

从历次大地震的结构震害情况可知,在强震中结构的震害随地震烈度的增大而增加。为了明确汶川地震中边坡的震害与地震烈度的关系,将各个路段的边坡震害数量绘制在汶川地震烈度图上。课题组共调查地震烈度在Ⅸ度区及以上受损线路21条,其中受损的边坡420处。Ⅷ度区受损线路7条,受损的边坡60处。Ⅶ度及以下区7条,受损的边坡54处。

由表2-21可以清楚地了解边坡震害数量与烈度区关系的具体情况。可见,绝大部分害的边坡位于Ⅸ度及以上烈度区域,在Ⅷ度区和Ⅶ度区也出现了少量轻度边坡震害。

不同烈度地区震害情况统计　　　　　　　　　　表 2-21

烈 度 区	受损线路数量(处)	边坡震害数量(处)	占总震害的百分比(%)
Ⅸ及以上	21	420	78.7
Ⅷ	7	60	11.2
Ⅶ及以下	7	54	10.1

2.1.4.3 边坡类型

调查中,对震害边坡类型做了统计分析,结果表明534处震害主要集中在路堑边坡上,路堑边坡坡高坡陡,缺少防护措施,加之地震作用,会产生地震动放大效应。这些因素是导致路堑边坡发生大量震害的主要原因,数量及百分比如表2-22所示。

不同边坡类型震害情况统计　　　　　　　　　　表 2-22

边 坡 类 型	震害总数(处)	百分比(%)
路堑	521	97.6
路堤	13	2.4

2.1.4.4 坡面的防护结构

调查发现设置了防护措施的路基边坡有效地减小了边坡震害的程度和破坏的数量。边坡的震害主要还是发生在没有防护的土质边坡上,诸如坍塌、滑坡等震害。其中,无防护边坡比例为67.4%,有防护的边坡占32.6%。现场调查时对坡面防护结构的震害也进行了统计,边坡的防护结构主要为主被动网、护面墙、锚杆锚索、框架梁、挂网喷浆等类型。调查结果表明,震害边坡中含有防护结构的共174处。表2-23显示了边坡各类防护结构的损坏数量及所占的百分比。

不同防护类型震害情况统计 表2-23

防护类型	震害数量(处)	百分比(%)
实体式护面墙	59	33.9
挂网喷浆	46	26.4
SNS主动性柔性防护网	20	11.5
植树	13	7.5
种草	10	5.7
水泥混凝土预制板	7	4.0
SNS被动性柔性防护网	4	2.3
锚杆结合预制板	6	3.4
圬工网格骨架种草	2	1.1
孔窗式护面墙	1	0.6
喷射混凝土或喷浆(无网)	6	3.4

统计结果显示,60%的边坡防护结构震害发生于实体式护面墙和挂网喷浆两类防护类型中。实体护面墙一般是为了覆盖各种软质岩层和较破碎岩石的挖方边坡以及坡面易受侵蚀的土质边坡,免受降雨、风化等影响而修建的墙体。因此与挡土墙不同,护面墙基本没有支挡抗震作用,在地震作用下其震害数量相对较多。挂网喷浆是山区公路路基边坡最常见的护坡形式。与护面墙类似,其主要功能是防止边坡遭受风化影响,提高边坡的稳定性,并无很好的抗震性能,所以在强震作用下容易失效致使边坡失稳垮塌。植物防护的方法主要是在适于植物生长的路基土质边坡上种草、铺草皮和植树,利用植被覆盖坡面,其根系固结于表土,从而防止水土流失,调节坡体湿度和温度,确保边坡稳定,并且具有绿化道路和保护环境的作用。研究区域内,震害边坡为植物防护,主要分为种草和植树两类,其破坏数量相当。统计结果表明,植物防护抗震性能一般,主要受边坡自身条件和地震动的控制,种草或者植树对地震条件下稳定边坡的作用没有明显的差异。

喷浆防护采用拌制的水泥、石灰类矿质混合料对边坡进行封面和填缝,以防止软弱岩土表面进一步风化、破碎、剥蚀,避免雨水侵蚀坡体,从而增强边坡的稳定性。与护面墙类似,喷浆防护对边坡不具有较强的抗震作用,且在增强边坡稳定性方面不如挂网喷浆性能好,在路基边坡中使用较少,所以调查发现的震害数量也相应较少。

从调查结果中发现,框架类与锚杆锚索类防护结构在地震中破坏较少,即便遭受损坏但防护功能并没有完全失效,抗震性能良好。防护结构震害有109处为防护功能失效随边坡发生了垮塌震害,发生该类震害多为挂网喷浆、护面墙以及植物防护(图2-10~图2-13)。其余防护结构的震害主要为开裂、剥落、局部鼓胀变形破坏、主动网失效等。

图 2-10 映秀至汶川 SNS 主动式柔性防护网震害

图 2-11 映秀至汶川段实体式护面墙震害

图 2-12 三江至漩口段水泥混凝土预制块防护震害

图 2-13 北川至桂溪段植树防护震害

2.1.4.5 垮塌震害

调查中对534处震害边坡的震害类型进行了划分,分为垮塌类和非垮塌类震害。非垮塌类震害多指边坡防护结构的震害类型,如防护结构开裂、剥落、鼓胀变形等。边坡垮塌震害共计459处,占边坡震害的绝大部分,接近震害总数的90%,这与边坡没有设置防护措施密切相关。调查区域内垮塌震害中包括了滑坡、崩塌、落石、溜坍等次生灾害(路基"红线"范围内的灾害)。滑坡、崩塌等都是较为严重的地质灾害,而在地震的强烈作用下更易发生,地震使斜坡土石的内部结构发生震害和变化,原有的结构面张裂、松弛。另外,汶川地震的发生伴随着许多余震,在地震力的反复振动冲击下,斜坡土石体更容易发生变形。

调查结果显示,垮塌边坡主要为岩质边坡,按规模大致可分为一般包括滑坡、崩塌、溜坍、落石等几类,这也是边坡发生垮塌震害时常发生的灾害类型。统计表明,垮塌边坡中362处为滑坡震害,66处为崩塌破坏,其余边坡震害为溜坍、落石。此次汶川地震中边坡震害最为典型的就是在岩质边坡上发生的崩塌性滑坡震害。见表2-24。

不同地基条件的震害情况统计 表2-24

地 基 条 件	震害总数(处)	百分比(%)
土质	209	45.6
上土下岩	146	31.9
岩质	103	22.5

如表 2-25 所示,以垮塌震害中涉及的防护结构可以看出,实体式护面墙、挂网喷浆以及植物防护破坏数量较大,这也客观说明这几类坡面防护在边坡受地震作用下起到的稳定作用有限,缺乏抗震能力,仅能起到防治坡面风化、局部坍塌等作用。

不同防护类型的震害情况统计　　表 2-25

防 护 类 型	震害数量(处)	百分比(%)
实体式护面墙	54	31.2
挂网喷浆	14	8.1
SNS 主动性柔性防护网	3	1.7
植树	12	6.4
种草	10	5.8
水泥混凝土预制板	4	2.3
SNS 被动性柔性防护网	4	2.3
锚杆结合预制板	3	1.7
圬工网格骨架种草	2	1.1
孔窗式护面墙	1	0.6
喷射混凝土或喷浆(无网)	4	2.3

垮塌路基边坡破坏形式统计见表 2-26。

不同路基形式的震害情况统计　　表 2-26

路 基 形 式	震害总数(处)	百分比(%)
路堑	216	47.2
半填半挖	196	42.8
路堤干砌	46	10

2.1.4.6　边坡震害影响因素

地震诱发边坡震害的分布主要受地震、地形、坡体结构等条件的影响。由于地貌条件、岩性条件和坡体结构条件的差异,地震边坡灾害表现出不同的特征,其震害方式、发展趋势都表现出极大的不同。坡度与坡高都是影响边坡稳定的重要因素。一般情况下,即使没有地震的影响,坡度越大的边坡也越容易发生灾害,坡度直接决定边坡的应力分布。随着地形坡度的增大,可能演化为滑动面的坡体结构面倾角也会增大,从而导致边坡的稳定性降低。

(1)岩土类型

岩土体是产生边坡灾害的物质基础。一般来说,各类岩、土都有可能构成滑动体。其结构松散,抗剪强度和抗风化能力较低,在地震的作用下其结构发生变形,更易发生灾害。现场调查将边坡岩土类型分为岩质、土质、上土下岩三类。边坡灾害在各类岩土类型分布情况见表 2-27。岩质边坡震害数量近乎占总震害数量的一半。岩质边坡灾害按规模大致可分为崩塌性滑坡、崩塌、落石三种类型,土质边坡按规模大致可分为滑坡、表面溜坍和碎落三种类型。震害边坡多发生崩塌性滑坡现象是此次汶川地震与其他地震所造成的边坡震害的显著区别。

不同地基条件的震害情况统计 表2-27

地 基 条 件	震害总数(处)	百分比(%)
土质	251	47.0
上土下岩	154	28.8
岩质	129	24.2

(2)工点路线走向与发震断裂夹角

近似认定龙门山断裂带为一条穿过映秀和北川,方向为北偏东32°的直线。以此直线为基准,将研究区域内调查统计的各线路的走向与断裂带直线夹角范围分为9个等级。统计结果表明,边坡灾害数量随线路走向与断裂带直线间夹角增大呈下降趋势,即边坡临空面位于垂直于断层时,地震动作用最大,对路基边坡造成的震害也最大。

2.1.4.7 小结

(1)路基边坡的震害与距震中和发震断裂的远近有密切关系。震害主要发生在Ⅸ~Ⅺ度之间的高烈度地区,而Ⅷ度区以下的震害数量与严重程度都明显下降。

(2)设置适当的防护结构能显著减小地震对其造成的震害。从调查情况看,路基边坡采用了边坡防护者破坏程度明显小于未防护的边坡,且有防护的边坡与边坡高度的关系并不明显,而未防护的边坡震害与坡高有正相关关系。有67.5%震害的路基边坡坡面没有无防护结构措施。对于边坡防护结构,震害主要发生在挂网类与护面墙两类结构上。

(3)防护边坡类型不同,其破坏程度有所差异。实施了防护工程的边坡也有破坏差异,有的边坡虽然实施了防护措施,但仍没有达到加固边坡的目的,需要根据边坡的岩性、风化程度等综合选择合适的防护措施。比如,边坡风化碎裂带较深,则不适合采用短锚杆的柱网喷混凝土,而采用长锚杆框架梁较为合适。又如护面墙和灰浆防护一类的边坡防护措施,防护目的单一,抗震性能不高。

(4)岩土类型方面,岩质边坡震害数量约占50%,在地震情况下易发生崩塌性滑坡、崩塌、落石,这也是汶川地震中边坡灾害的典型特点。

(5)随着边坡高度的增大,震害数量也在增加;同时,震害数量随着坡度的增大呈上升趋势,坡度大于35°的边坡是防护的重点。

(6)对震害点所在路段走向与断裂带夹角进行统计分析,认为研究区域内,在线路走向平行于断裂带的边坡震害数量比垂直于断裂带的边坡震害数量较大。

2.2 路基经验型易损性曲线

2.2.1 路基整体易损性曲线

由修正的Zhao衰减模型得到的公路路基的PGA,并得到对应的震害等级,基于方法一和方法二中的公式对路基整体易损性曲线的c和ζ两个参数进行估计。计算结果见表2-28。采用方法一计算得到的路基整体各震害等级下的易损性曲线如图2-14所示。采用方法二计算得到的路路基易损性曲线如图2-15所示,需要对方法二的易损性曲线进行说明的是,某一地震动情况下,某震害级别破坏的概率是该破坏易损性曲线上的值与低一级别易损性曲线的值之差。

路基总体样本不同损伤状态易损性曲线均值和标准差　　　　表 2-28

方法一		轻微破坏	中等破坏	严重破坏	完全损毁
路基整体	均值	0.915	0.911	1.109	1.409
	对数标准差	0.884	0.823	0.588	0.608
方法二		轻微破坏	中等破坏	严重破坏	完全损毁
路基整体	均值	0.141	0.409	0.704	0.987
	对数标准差	0.505			

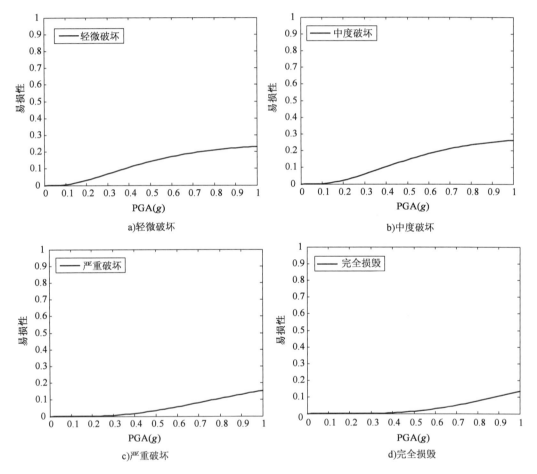

图 2-14　路基(整体)易损性曲线(方法一)

通过该易损模型建立的易损性曲线就能够估计在以 PGA 作为动参数的各种地震作用情况下路基破坏的概率。与破坏概率矩阵法有所不同,统计型易损性模型更全面地对路基破坏的概率进行了估计,考虑了无破坏情况,同时也能得到完好的概率。

从得到整体易损性曲线可以看出,对于完好的公路,在地震作用下造成震害的可能性在 0.25 以内。0.4g 以下的地震动作用基本不会造成严重的震害。

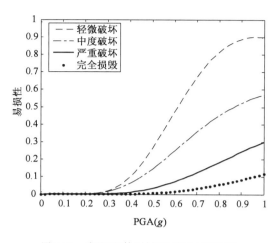

图 2-15 路基(整体)易损性曲线(方法二)

2.2.2 路基本体易损性曲线

将公路路基进一步分为路基本体、路基边坡及支挡结构三类,从震害调查的情况可知,由于各类路基结构在地震中所表现的震害情况都有各自的特点,为了更准确地得到路基易损性曲线,分别对路基本体、路基边坡及支挡结构建立易损性曲线。同路基整体类似,分别采用方法一、方法二估计各类路基结构在各类震害等级下的均值和对数标准差。

路基本体通过方法一和方法二估计的均值和对数标准差如表 2-29 所示,对应建立的易损性曲线如图 2-16 和图 2-17 所示。从路基本体建立易损性曲线可以看出,对于完好的公路路基本体结构,在地震作用下造成震害的可能性在 0.3 以内,大于路基整体的临界值,而路基本体发生完全损毁震害的临界 PGA 值也大于路基整体,这说明地震动作用下路基本体在路基中更易受到震害,实际调查中,除了地震直接作用造成路基沉陷开裂或者垮塌以外,边坡滑坡、落石砸坏等次生灾害对路基破坏也特别多,该现象在路基易损性曲线中也得到了体现。

路基本体样本不同损伤状态易损性曲线均值和标准差　　表 2-29

	方法一	轻微破坏	中等破坏	严重破坏	完全损毁
路基本体	均值	0.744	0.753	1.013	1.323
	对数标准差	0.912	0.799	0.753	0.742
	方法二	轻微破坏	中等破坏	严重破坏	完全损毁
路基本体	均值	0.159	0.342	0.670	1.00
	对数标准差	0.502			

2.2.3 路基支挡结构易损性曲线

支挡结构通过方法一和方法二估计的均值和对数标准差如表 3-30 所示,对应建立的易损性曲线如图 2-18、图 2-19 所示。

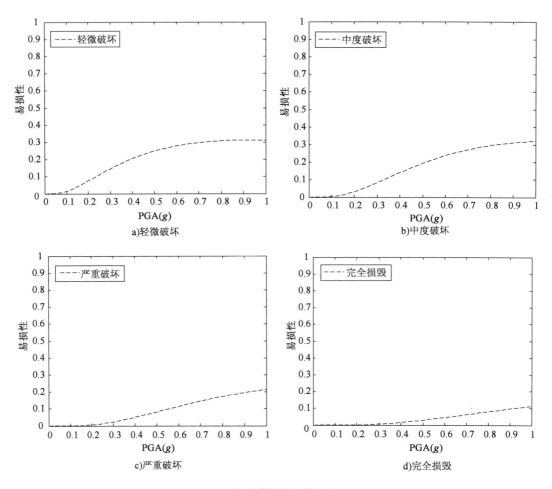

图 2-16 路基本体易损性曲线(方法一)

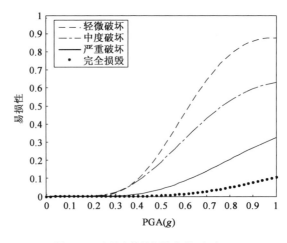

图 2-17 路基本体易损性曲线(方法二)

路基支挡结构样本不同损伤状态易损性曲线均值和标准差　　表 2-30

方法一		轻微破坏	中等破坏	严重破坏	完全损毁
支挡结构	均值	0.701	0.753	1.013	1.200
	对数标准差	0.903	1.000	0.753	0.889
方法二		轻微破坏	中等破坏	严重破坏	完全损毁
支挡结构	均值	0.130	0.311	0.601	0.881
	对数标准差	0.522			

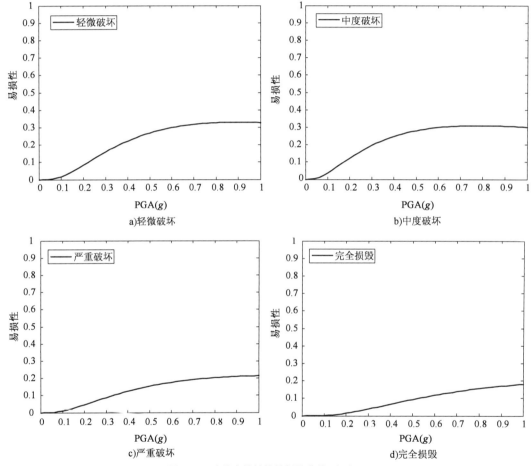

图 2-18　路基支挡结构易损性曲线（方法一）

2.2.4　路基边坡易损性曲线

路基边坡通过方法一和方法二估计的均值和对数标准差如表 3-31 所示，对应建立的易损性曲线如图 2-20、图 2-21 所示。从路基本体建立易损性曲线可以看出，对于完好的公路路基边坡，地震作用下造成震害的可能性在 0.25 以内，大于路基整体的临界值而发生损毁震害的临界值为 $0.3g$。在高烈度作用下，路基边坡发生损毁的概率也要低于路基整体的概率，而发生轻微破坏和中度破坏的概率要大于路基整体发生相应破坏级别的概率。

实际调查中,路基边坡多发生表面部分溜坍,小范围内局部垮塌以及防护结构出现损伤等震害,而大规模滑坡崩塌等震害较少,这与工程设计中对重要危险路段边坡设置了防护结构有关。

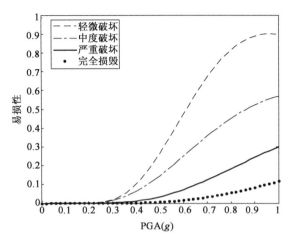

图 2-19　路基支挡结构易损性曲线(方法二)

路基边坡样本不同损伤状态易损性曲线均值和标准差　　　　表 2-31

	方法一	轻微破坏	中等破坏	严重破坏	完全损毁
路堤边坡	均值	0.915	1.003	1.245	1.409
	对数标准差	0.884	0.793	0.657	0.608
	方法二	轻微破坏	中等破坏	严重破坏	完全损毁
路堤边坡	均值	0.341	0.603	1.032	1.371
	对数标准差	0.606			

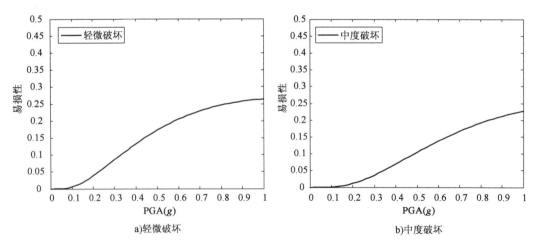

a) 轻微破坏　　　　　　　　　　　　b) 中度破坏

图　2-20

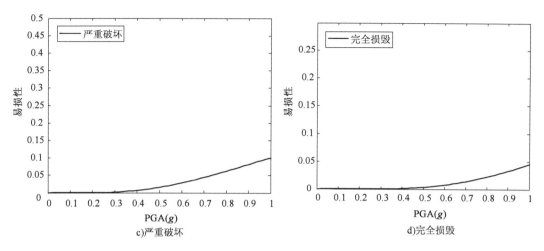

图 2-20　路基边坡易损性曲线(方法一)

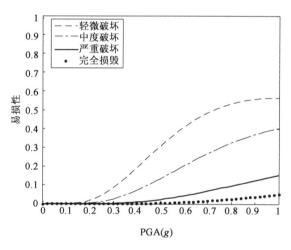

图 2-21　路基边坡易损性曲线(方法二)

2.3　路基破坏概率矩阵法易损性曲线

2.3.1　破坏概率矩阵法易损性研究

矩阵法易损性研究是指通过建立工点破坏比与 PGA 值的数值矩阵,通过回归分析得到震害工点在相应各个破坏等级下的易损性曲线。

现场调查时采用 GPS 设备对震害工点的位置坐标进行了统计,采用 Zhao 等的衰减模型计算出工点坐标的地表峰值加速度(PGA),并与该工点的震害等级对应,由此得到破坏工点所在位置处的 PGA 和相应震害等级。破坏概率矩阵法就是在此基础之上,将一定数量的工点为一组,计算出该组中 PGA 的均值和各个破坏等级下的破坏概率,以此形成各组 PGA 与破坏概率的矩阵,最后采用回归分析方法得到易损性曲线。

2.3.2 路基整体易损性研究

路基整体易损性矩阵分为83组,每组包含了支挡结构、路基边坡、路基本体共16处破坏工点的破坏比统计结果,利用二次多项式进行回归分析得到路基本体各个破坏级别下的易损性曲线。

对路基整体易损性曲线进行相关性分析,从计算得到表2-32所示相关系数平方值(R^2)的结果来看,路基整体各破坏等级的易损性曲线相关性较好。

路基整体易损性曲线相关系数值(R^2) 表2-32

震害等级	A0级震害	A级震害	B级震害	C级震害	D级震害
R^2	0.9973	0.8890	0.9630	0.9221	0.9951

从路基边坡的易损性曲线可以看出发生破坏的PGA临界值为$0.45g$。即在大于$0.45g$地震动作用下路基本体才可能发生破坏。而在大于$0.55g$的地震动作用下,会出现破坏最严重的D级震害。

根据表2-33所示的概率法震害矩阵,得到易损性曲线如图2-22~图2-26所示。

路基整体破坏矩阵 表2-33

PGA 均值 (g)	路基整体破坏概率矩阵				
	A0	A	B	C	D
0.95	16%	30%	25%	20%	9%
0.85	37%	20%	20%	15%	8%
0.75	55%	15%	15%	9%	6%
0.65	66%	12%	13%	5%	4%
0.55	83%	5%	7%	3%	2%
0.45	94%	2%	4%	0%	0%
0.35	100%	0%	0%	0%	0%
0.25	98%	0%	0%	0%	2%
0.15	100%	0%	0%	0%	0%

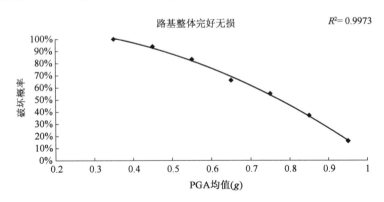

图2-22 公路路基A0级震害易损性曲线

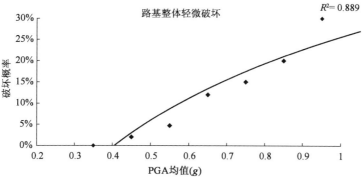

图 2-23　公路路基 A 级震害易损性曲线

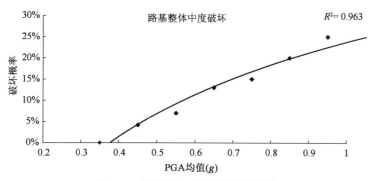

图 2-24　公路路基 B 级震害易损性曲线

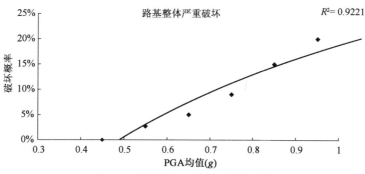

图 2-25　公路路基 C 级震害易损性曲线

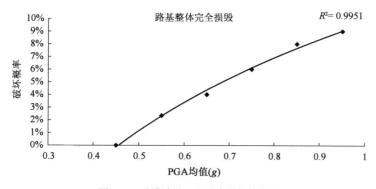

图 2-26　公路路基 D 级震害易损性曲线

2.3.3 路基本体易损性研究

路基本体易损性矩阵分为32组,每组含了16处破坏工点统计的破坏比,利用二次多项式进行回归分析得到路基本体各个破坏级别下的易损性曲线。对路基本体易损性曲线进行相关性分析,从计算得到表2-34所示相关系数平方值(R^2)的结果来看,支挡结构各破坏等级的易损性曲线相关性较好。

路基边坡易损性曲线相关系数值(R^2)　　　　　　　　　　　表2-34

震害等级	A0级震害	A级震害	B级震害	C级震害	D级震害
R^2	0.8664	0.7367	0.6714	0.5165	0.5251

从路基边坡的易损性曲线可以看出发生破坏的PGA临界值为0.33g。即在大于0.33g地震动作用下路基本体才可能发生破坏。而在大于0.45g地震动作用下,会出现破坏最严重的D级震害。

根据表2-35所示概率矩阵得到的易损性曲线如图2-27~图2-31所示。

路基本体破坏矩阵　　　　　　　　　　　　　　　　表2-35

组数	PGA均值(g)	路基本体破坏概率矩阵				
		A0	A	B	C	D
1	>1	0.00%	31.25%	31.25%	18.75%	18.75%
2	0.99	0.00%	31.25%	25.00%	25.00%	18.75%
3	0.98	6.25%	25.00%	31.25%	18.75%	18.75%
4	0.96	6.25%	31.25%	31.25%	25.00%	6.25%
5	0.92	12.50%	25.00%	18.75%	25.00%	18.75%
6	0.9	25.00%	25.00%	18.75%	18.75%	12.50%
7	0.89	6.25%	37.50%	31.25%	6.25%	18.75%
8	0.88	6.25%	31.25%	31.25%	18.75%	12.50%
9	0.88	43.75%	25.00%	18.75%	6.25%	6.25%
10	0.86	25.00%	31.25%	25.00%	12.50%	6.25%
11	0.84	50.00%	25.00%	12.50%	6.25%	6.25%
12	0.82	56.25%	25.00%	12.50%	6.25%	0.00%
13	0.79	37.50%	31.25%	12.50%	12.50%	6.25%
14	0.78	31.25%	31.25%	18.75%	6.25%	12.50%
15	0.77	43.75%	25.00%	25.00%	0.00%	6.25%
16	0.74	18.75%	31.25%	31.25%	6.25%	12.50%
17	0.72	25.00%	25.00%	31.25%	12.50%	6.25%
18	0.71	43.75%	18.75%	18.75%	6.25%	12.50%
19	0.7	62.50%	18.75%	12.50%	6.25%	0.00%
20	0.68	62.50%	18.75%	12.50%	0.00%	6.25%
21	0.64	75.00%	12.50%	12.50%	0.00%	0.00%

续上表

组 数	PGA 均值 (g)	路基本体破坏概率矩阵				
		A0	A	B	C	D
22	0.59	68.75%	12.50%	6.25%	6.25%	6.25%
23	0.56	87.50%	6.25%	6.25%	0.00%	0.00%
24	0.55	68.75%	12.50%	12.50%	6.25%	0.00%
25	0.53	87.50%	6.25%	6.25%	0.00%	0.00%
26	0.52	75.00%	12.50%	6.25%	6.25%	0.00%
27	0.51	87.50%	6.25%	6.25%	0.00%	0.00%
28	0.49	93.75%	0.00%	6.25%	0.00%	0.00%
29	0.46	87.50%	6.25%	6.25%	0.00%	0.00%
30	0.42	93.75%	6.25%	0.00%	0.00%	0.00%
31	0.36	93.75%	6.25%	0.00%	0.00%	0.00%
32	0.26	93.75%	6.25%	0.00%	0.00%	0.00%

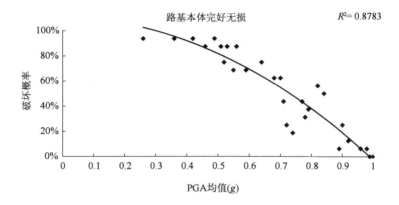

图 2-27 路基本体 A0 级震害易损性曲线

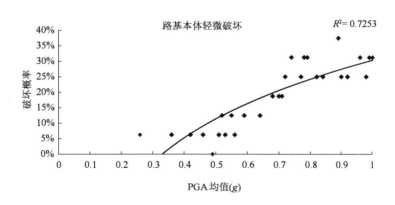

图 2-28 路基本体 A 级震害易损性曲线

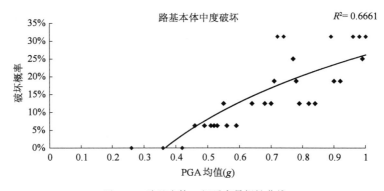

图 2-29　路基本体 B 级震害易损性曲线

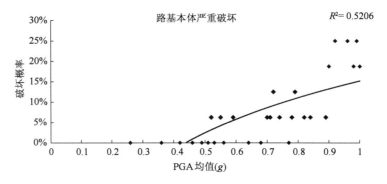

图 2-30　路基本体 C 级震害易损性曲线

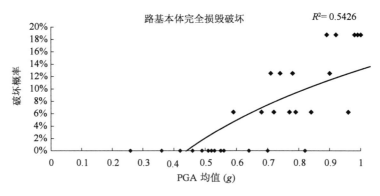

图 2-31　路基本体 D 级震害易损性曲线

2.3.4　支挡结构易损性研究

将支挡结构震害工点按 PGA 值从大到小依次排列,按照每 16 个工点为一组,计算该组中 A、B、C、D 四个等级的破坏比。表 2-36 是支挡结构计算的破坏矩阵,支挡结构矩阵分为 20 组,每组包含了 16 处破坏工点的破坏比。如第一组中,16 处破坏工点的 PGA 均值为 1.0g,其中发生 A 级破坏 6 处,B 级破坏 3 处,C 级破坏 4 处,D 级破坏 3 处。由此可以计算 A、B、C、D 级对应该组破坏比为 0.35、0.20、0.25、0.20。依次得到 20 组的 PGA 均值和各破坏比的矩阵表格。根据破坏比矩阵,利用二次多项式进行回归分析得到支挡结构各个破坏级别下的易损性曲线和整体易损性曲线,详见图 2-32 ~ 图 2-36。

支挡结构破坏矩阵　　　　　　　　　　　　　　　表 2-36

组　数	PGA 均值 (g)	支挡结构破坏概率矩阵				
		A0	A	B	C	D
1	>1	0.00%	37.50%	31.25%	18.75%	12.50%
2	0.98	12.50%	31.25%	31.25%	12.50%	12.50%
3	0.95	25.00%	25.00%	25.00%	12.50%	12.50%
4	0.91	25.00%	18.75%	25.00%	18.75%	12.50%
5	0.89	12.50%	25.00%	18.75%	25.00%	18.75%
6	0.88	18.75%	37.50%	31.25%	6.25%	6.25%
7	0.86	18.75%	31.25%	18.75%	18.75%	12.50%
8	0.84	37.50%	25.00%	18.75%	12.50%	6.25%
9	0.82	31.25%	37.50%	18.75%	6.25%	6.25%
10	0.8	37.50%	25.00%	18.75%	12.50%	6.25%
11	0.78	50.00%	18.75%	12.50%	12.50%	6.25%
12	0.76	56.25%	18.75%	6.25%	12.50%	6.25%
13	0.71	62.50%	12.50%	12.50%	6.25%	6.25%
14	0.63	75.00%	6.25%	6.25%	12.50%	0.00%
15	0.55	75.00%	12.50%	6.25%	6.25%	0.00%
16	0.53	75.00%	18.75%	6.25%	0.00%	0.00%
17	0.49	87.50%	12.50%	0.00%	0.00%	0.00%
18	0.43	87.50%	6.25%	6.25%	0.00%	0.00%
19	0.31	87.50%	6.25%	6.25%	0.00%	0.00%
20	0.21	93.75%	6.25%	0.00%	0.00%	0.00%

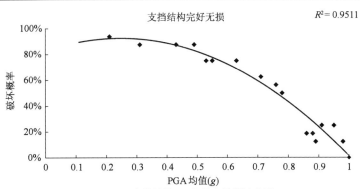

图 2-32　支挡结构 A0 级震害易损性曲线

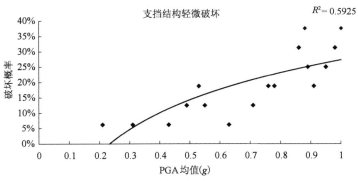

图 2-33　支挡结构 A 级震害易损性曲线

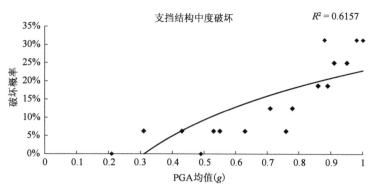

图 2-34　支挡结构 B 级震害易损性曲线

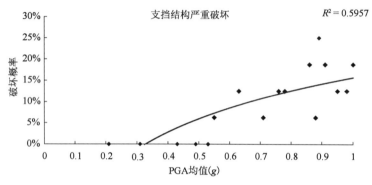

图 2-35　支挡结构 C 级震害易损性曲线

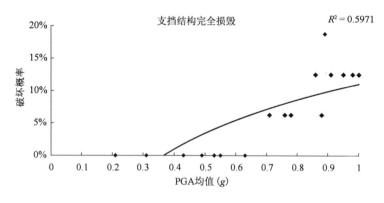

图 2-36　支挡结构 D 级震害易损性曲线

为了检验易损性曲线的相关性,反映变量之间相关关系密切程度,计算曲线相关系数(R)。相关系数是按积差方法计算,以两变量与各自平均值的离差为基础,通过两个离差相乘来反映两变量之间相关程度。一般可按三级划分:$R^2<0.4$ 为低度线性相关;$0.4 \leqslant R^2 < 0.7$ 为显著性相关;$0.7 \leqslant R^2 < 1$ 为高度线性相关。

对易损性曲线进行相关性分析,从计算得到表 2-37 所示相关系数平方值(R^2)的结果。

第 2 章 路基震害调查及易损性曲线建立

支挡结构易损性曲线相关系数值(R^2) 表 2-37

震害等级	A0 级震害	A 级震害	B 级震害	C 级震害	D 级震害
R^2	0.9474	0.5771	0.6250	0.5673	0.5704

从易损性曲线可以看出支挡结构发生破坏的 PGA 临界值约为 $0.21g$。即在 $0.21g$ 以下支挡结构受地震动作用基本不会发生破坏。而在大于约 $0.36g$ 地震动作用下,会出现破坏最严重的 D 级震害。

由震害矩阵拟合得到的破坏概率矩阵法易损性曲线如图 2-32 ~ 图 2-36 所示。

2.3.5 路基边坡易损性研究

表 2-38 是路基边坡破坏概率矩阵法易损性矩阵,路基边坡易损性矩阵分为 31 组,每组含 16 处破坏工点的破坏比,利用对数函数进行回归分析得到路基本体各个破坏级别下的易损性曲线。

路基边坡破坏矩阵 表 2-38

组 数	PGA 均值(g)	路基边坡破坏概率矩阵				
		A0	A	B	C	D
1	0.99	25.00%	31.25%	25.00%	12.50%	6.25%
2	0.93	43.75%	25.00%	18.75%	6.25%	6.25%
3	0.89	50.00%	25.00%	18.75%	6.25%	0.00%
4	0.87	50.00%	18.75%	12.50%	12.50%	6.25%
5	0.83	62.50%	18.75%	12.50%	6.25%	0.00%
6	0.81	37.50%	25.00%	18.75%	12.50%	6.25%
7	0.79	62.50%	18.75%	12.50%	6.25%	0.00%
8	0.78	56.25%	25.00%	18.75%	0.00%	0.00%
9	0.77	68.75%	12.50%	6.25%	6.25%	6.25%
10	0.75	75.00%	12.50%	12.50%	0.00%	0.00%
11	0.72	68.75%	12.50%	12.50%	6.25%	0.00%
12	0.7	50.00%	31.25%	12.50%	6.25%	0.00%
13	0.65	68.75%	12.50%	6.25%	6.25%	6.25%
14	0.61	56.25%	31.25%	6.25%	6.25%	0.00%
15	0.57	75.00%	6.25%	6.25%	6.25%	6.25%
16	0.55	68.75%	12.50%	12.50%	6.25%	0.00%
17	0.55	75.00%	6.25%	6.25%	6.25%	6.25%
18	0.54	43.75%	31.25%	18.75%	6.25%	0.00%

续上表

组 数	PGA 均值（g）	路基边坡破坏概率矩阵				
		A0	A	B	C	D
19	0.53	31.25%	31.25%	25.00%	12.50%	0.00%
20	0.52	56.25%	12.50%	12.50%	12.50%	6.25%
21	0.51	81.25%	12.50%	6.25%	0.00%	0.00%
22	0.5	87.50%	6.25%	6.25%	0.00%	0.00%
23	0.49	56.25%	25.00%	12.50%	6.25%	0.00%
24	0.48	50.00%	31.25%	12.50%	6.25%	0.00%
25	0.45	62.50%	31.25%	6.25%	0.00%	0.00%
26	0.41	93.75%	6.25%	0.00%	0.00%	0.00%
27	0.35	81.25%	6.25%	6.25%	6.25%	0.00%
28	0.27	81.25%	12.50%	6.25%	0.00%	0.00%
29	0.2	87.50%	6.25%	6.25%	0.00%	0.00%
30	0.16	93.75%	6.25%	0.00%	0.00%	0.00%
31	0.1	93.75%	6.25%	0.00%	0.00%	0.00%

对易损性曲线进行相关性分析，计算得到表 2-39 所示相关系数平方值（R^2），从结果来看，支挡结构各破坏等级的易损性曲线相关性较好。

路基边坡易损性曲线相关系数值（R^2）　　　　表 2-39

震害等级	A0 级震害	A 级震害	B 级震害	C 级震害	D 级震害
R^2	0.4704	0.2319	0.4215	0.2877	0.1440

从路基边坡的易损性曲线可以看出发生破坏的 PGA 临界值为 $0.1g$。即在大于 $0.1g$ 地震动作用下路基边坡就可能发生破坏。而在大于 $0.22g$ 地震动作用下，会出现破坏最严重的 D 级震害。

根据以上概率矩阵得到的易损性曲线如图 2-37～图 2-41 所示。

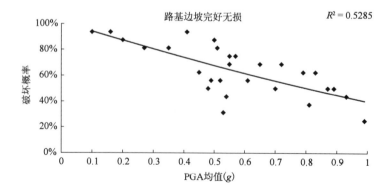

图 2-37　路基边坡 A0 级震害易损性曲线

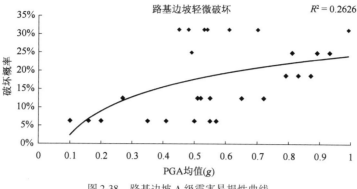

图 2-38 路基边坡 A 级震害易损性曲线

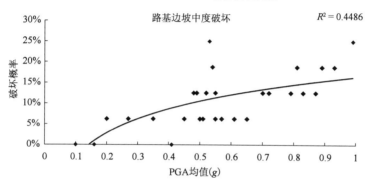

图 2-39 路基边坡 B 级震害易损性曲线

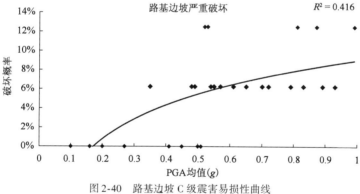

图 2-40 路基边坡 C 级震害易损性曲线

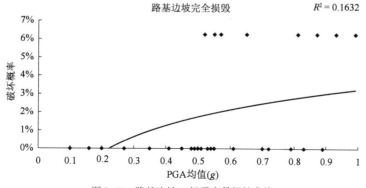

图 2-41 路基边坡 D 级震害易损性曲线

2.3.6 破坏概率矩阵法易损性研究小结

从矩阵法得到的公路路基易损性曲线可以看出,公路路基 A 级破坏和 B 级破坏的概率是随着 PGA 值的增大而减小的,C 级破坏和 D 级破坏的概率是随着 PGA 值的增大而增大的。易损性曲线没有发生相交现象,说明在任何 PGA 条件下,四个等级破坏发生的概率大小依次为 A 级、B 级、C 级和 D 级破坏。这与实际破坏中 A 级震害最多、D 级震害最少的现象相符。

从得到公路路基整体易损性曲线的结果来看,公路路基发生震害的 PGA 临界点为 $0.1g$,在 $0.1g$ 理论上不会发生明显的路基震害。PGA 大于 $0.4g$ 时会发生 D 级破坏,小于 $0.4g$ 基本不会发生损毁震害。但对于不同结构其破坏的临界值有所不同。

支挡结构出现 D 级破坏的 PGA 临界值为 $0.24g$,路基边坡是在 PGA 达到 $0.43g$ 后会出现 D 级破坏,而路基本体则是在 $0.56g$ 的 PGA 条件下才会发生 D 级破坏。这说明支挡结构相比路基边坡和路基本体在低烈度下更易于发生严重的破坏。

边坡发生破坏的临界值在 $0.1g$,而支挡结构和路基本体发生破坏的临界值分别是 $0.21g$ 和 $0.23g$。说明边坡在低烈度下更易于发生震害,但震害的程度较轻。

2.4 本章小结

本章对汶川地震灾区的路基震害做了详尽的介绍,并基于调查数据建立了路基的两种易损性模型。

通过对比两种易损性模型的建立方法可以发现,采用矩阵法计算路基的易损性较经验法更简单明了,但是在破坏概率和 PGA 值的计算方法较为简易的同时,也降低了对公路震害估计的精度。两种方法的易损性模型建立都是基于对震害工点所进行的统计分析,所建立的各破坏级别的易损性曲线也是对所有工点而言,其展示了破坏工点在各级别破坏下的分布规律。如果要更为准确地对路基易损性进行研究,快速评估震后公路路基造成的损失情况,建议采用上述介绍的两种方法综合考虑,求取两者的均值作为震害的数据。

第3章 桥梁震害调查及易损性曲线建立

3.1 桥梁震害调查

3.1.1 概述

桥梁震害调查以国家确定的重灾区、极重灾区的公路网桥梁为调查范围,覆盖了四川省内的 10 个极重灾区县(市),包括汶川县、北川县、绵竹市、什邡市、青川县、茂县、安县、都江堰市、平武县、彭州市;重灾区 41 个县(市、区)其中四川省 29 个县(市),甘肃省 8 个县(市),陕西省 4 个县(市);一般灾区 168 个县(市、区),其中四川省 100 个、甘肃省 32 个、陕西省 36 个,共 47 条高速公路和国省干线公路及县乡道路。调查高速公路、国道、省道桥梁 2154 座县乡道路桥梁 51 座,此外,为全面反映桥梁的震害情况,还调查了市政桥梁 2 座,共计调查桥梁 2207 座。涉及的桥型包括简支梁、连续梁、圬工拱桥、上承式混凝土拱桥、中承式混凝土拱桥等常用桥型。这些桥梁既有破坏严重、震害现象典型的桥梁,也包括了破坏并不严重的桥梁,用于客观分析汶川地震对公路桥梁破坏情况分析,满足史料记录的基本要求。

3.1.2 调查内容及方法

汶川地震波及面大,桥梁、隧道数量众多,还有很长的路基,调查范围涉及重灾区及极重灾区 51 个县(市)共计 2052 座桥梁、18 条线路 56 座隧道以及若干长度的路基工程。生命线工程的中断,对震后救援及灾后恢复重建带来极大困难。

3.1.2.1 调查阶段

灾区受灾公路桥梁数量庞大,受损程度各有不同,为满足震后救援、灾后重建、震后研究等不同阶段的不同要求,公路桥梁的震害调查工作有计划、分层次、分阶段开展。

(1)应急抢险阶段震害调查

抢通保通阶段桥梁震害调查是对受损严重的公路桥梁进行应急调查、检测与安全评估工作。本阶段的调查工作为开展震后救援,打通进入极重灾区的生命通道进行指导和评估。四川省交通运输厅组织了数十个调查组第一时间深入灾区一线,对公路桥梁损毁情况进行调查并制订应急抢通方案。

本阶段为震后第一时间进入灾区,所取得的震害资料最能反映震后公路桥梁的受损情况,时效性强。该阶段为应急抢险阶段,调查范围仅限于通往极重灾区的生命通道,调查为应急调查,对桥梁的通行能力进行专家评定。

本阶段从 2008 年 5 月 12 日至 2009 年 5 月 27 日基本告一段落。

(2)抢通保通阶段震害调查

抢通保通阶段桥梁震害调查是对灾后恢复重建的公路调查、检测、评估工作。本阶段的调查工作主要为指导灾区公路桥梁震后恢复重建工作。为灾区的恢复重建工作起到指导性的作用,调查范围包含Ⅷ度区区域内所有国省主干线公路及部分县乡级道路。但该阶段调查的目的为评估交通基础设施的受损范围及受损程度,调查时间较短,调查深入程度略有不足。

(3)震害补充调查阶段

本阶段主要针对在前两个阶段中震害调查深度不足的部分桥梁,或对因在第二阶段中无法进入区域的破坏桥梁进行补充调查。同时收集桥梁基本设计资料,并结合灾后重建设计,对桥梁破坏情况进行细致、深入的调查分析。

3.1.2.2 调查内容

由于灾区桥梁数量众多,调查分为桥梁基本资料调查和震害现象调查两大部分。

1)基本资料调查

基本资料调查的内容包括:震损桥梁的线路分布、地理位置及桥轴走向;桥梁所属线路的建设年代、线路等级及抗震设防烈度;桥址区实际烈度、地震动加速度峰值;桥梁设计资料等。

2)现场调查

震害现象调查中在调查范围内涉及的桥梁主要是梁式体系桥梁和拱式体系桥梁两类。由于二者的结构体系有本质区别,震害表现也各不相同,因此为两类桥梁拟定了不同的震害调查内容。而对于这两类桥以外的其他类型桥梁及复合结构桥梁,则针对其震害表现形式、桥梁结构特征单独制定调查方法。

(1)梁式桥震害调查内容

①上部结构及支承震害调查内容包括:

a. 梁体的平面移位、有无部分落梁、有无潜在的落梁风险;

b. 各联桥梁在伸缩缝处的撞击损伤;

c. 主梁梁体、横隔板、桥面板、铰缝开裂情况;

d. 盖梁、垫石、挡块开裂、破损等损伤情况;

e. 支座损伤、变形、移位、脱空以及抗震锚栓失效情况;

f. 桥面铺装,连续损伤及伸缩缝的变位损伤情况。

②下部结构震害调查内容包括:

a. 盖梁、垫石、挡块开裂、破损等损伤情况;

b. 墩柱剪切、压溃、开裂、倾斜情况;

c. 桥塔台的撞击损伤、台身开裂、锥坡破坏;

d. 墩、台基础移位情况。

③附属结构震害调查。

(2)拱桥调查内容

①上部结构震害调查内容包括:

a. 拱肋、拱板裂缝情况检测;

b. 各拱箱纵横向连接情况检测及拱肋横向连接系检测;

c. 梁式腹孔拱桥的桥道板(梁)支撑:支座是否脱空、移位和破坏情况检测;

d. 腹拱式和实腹式拱桥桥面平整度,拱上填料是否存在不均匀沉降;

e. 侧墙开裂、外倾、移位检测,腹拱、横墙裂缝检测。

②下部结构震害调查内容包括:

a. 墩、台及拱座裂缝检测;

b. 桥台前墙、侧墙开裂情况,台身是否存在受地震力引起外倾变形情况;

c. 基础是否有位移发生。

③桥梁附属设施常规检测。

3.1.2.3 调查方法

对于桥梁震害现场调查,主要根据拟定的调查路线、调查内容进行。桥梁震害调查原则上采用逐桥、逐构件调查的方法,具体实施时由浅入深,分三个步骤进行。首先,逐桥进行外观检查,记录震害的基本情况和分布情况,为详细调查提供基础;其次,依据震害基本情况,通过仪器对裂缝、支座位移、变形、主梁位移、桥墩位移进行进一步的详细测量;最后,汇总前两步成果形成逐桥调查书,最后汇总逐桥调查书形成本路段桥梁震害调查总书。

裂缝形态采用直尺、卷尺、数码相机等检测,检测的主要内容是:结构裂缝的位置、长度及分布形态等几何参数;测试方法为:用卷尺量测裂缝的起止点、转折点位置得到裂缝的长度、走向,并可绘制裂缝展示图。裂缝宽度采用裂缝宽度观测仪测量。

支座位移通过卷尺测量支座相对于垫石的边缘的距离来确定。主梁移位情况通过测量主梁相对于支座垫石的变位情况并结合伸缩缝、护栏错位情况综合确定。

桥墩位移通过全站仪测量震后桥墩位置,比较设计图桥墩位置确定,桥墩倾斜度通过分别测量墩顶、墩底的平面位置和墩高确定。

如图3-1~图3-4所示。

图3-1 箱梁内裂缝检查

图3-2 桥梁支座检查

3.1.3 桥梁破坏等级划分

为便于对整个灾区公路桥梁的破坏情况进行分析,采用桥梁整体破坏等级和构件破坏等级的评级方法,进行桥梁破坏评级。桥梁构件破坏等级划分是整体破坏等级一个重要参考指标。

图 3-3　全站仪拱轴线性检查　　　　　　　图 3-4　桥梁主梁检查

3.1.3.1 桥梁整体破坏等级划分

(1) 桥梁整体破坏等级划分标准

震后抢险阶段、抢通保通阶段桥梁的可通行情况直接反映了桥梁的破坏情况和使用功能,这一阶段桥梁的通行能力是作为桥梁整体破坏等级划分评定的标准。

在汶川地震中,桥梁震害就致灾机理来说可分为直接震害和间接震害两大类。直接震害主要是指桥梁结构因地震力作用发生的破坏;而间接震害主要是指在地震中,因地震引发的地质灾害导致的桥梁破坏。两类震害致灾机理不同,但其表现形式均体现为桥梁承载力功能遭到破坏。因此,以桥梁承载能力丧失程度作为桥梁破坏等级的划分标准是统一的。

(2) 桥梁整体破坏等级划定义

根据桥梁承载力损失程度,将破坏等级分为 A、B、C、D 共 4 级,如表 3-1 和图 3-5～图 3-8 所示。

桥梁整体破坏等级划定义　　　　　　　　表 3-1

破 坏 等 级		定　义	主要特征描述	
			直接震害	间接震害
A-轻微破坏或无震害	A0 无震害	无震害(基本完好)	无明显震害现象	无次生震害现象
	A-轻微震害	抢通保通阶段正常通行,震后不需维修或经少量维修即可满足正常使用要求。震害表现为桥梁承重构件未出现震害,仅有少量附属设施受损,承载能力无任何损失	承载构件局部受损伤,护栏(或栏杆)、伸缩缝、桥台锥坡等非承载构件受损	①桥面及桥头处有少量落石;②护栏受落石撞击受损;③护栏受落石撞击受损;④主梁、桥墩棱角处受落石冲击局部缺损,但未导致开裂等可能影响承载力的损伤
B-中度破坏		抢通保通阶段应急处置可满足应急交通的要求,灾后经修复可满足正常使用要求。震害表现为桥梁主要承重构件受损,但承载能力无明显损失	①主梁发生移位,但仍有可靠支撑,无落梁风险;②桥墩无明显倾斜,桥墩轻微开裂或保护层剥落但未伤及核心区混凝土,桥墩承载能力无明显下降;③桥台轻度破坏,桥台背墙、翼墙开裂;④拱桥横向连接系开裂,拱上立柱轻微开裂	①受落石冲击,主梁顶板、翼缘板等受损,但主梁承载力无明显损失;②桥墩被落石撞击或土体推挤开裂,但裂缝未伤及核心混凝土;③受落石和土体推挤,主梁出现移位,但无落梁风险;④桥头处被掩埋

续上表

破坏等级	定 义	主要特征描述	
		直接震害	间接震害
C-严重破坏	抢通保通阶段须经过处置方可满足通行要求。震后须对其进行加固后才能满足正常使用要求。主要震害表现为桥梁主要承重构件严重受损,承载能力损失严重	①主梁发生严重移位,存在落梁风险;②桥墩明显倾向,桥墩严重开裂,形成主裂缝或形成多条剪切缝并延伸至核心区,桥墩承载能力明显下降;③桥台破坏,背墙、翼墙垮塌或严重开裂,桥台(冒梁)剪断;④拱桥主拱圈横向贯通开裂,拱上立柱断裂、横向连接系断裂	①个别桥跨被掩埋或冲毁,但被冲毁桥跨经填埋等措施可以满足紧急通行,灾后需部分重建;②个别桥跨主梁被落石冲击,导致桥跨承载能力严重受损或垮塌,但经紧急处置措施后可以满足应急通行,灾后需部分重建或加固;③桥墩被落石碰撞或被土体推挤,导致严重影响承载力的损伤或倾斜,主梁被土体推挤发生严重移位
D-完全损毁	完全损毁或失效;抢通保通阶段丧失通行功能,震后需对主要构件进行更换,甚至无修复必要,需进行重建。震害表现为全桥或部分桥跨完全垮塌,或部分主要构件缺失,桥梁承载能力已损失殆尽	①全桥或部分联跨发生整体垮塌;②主梁发生整跨落梁;③桥墩出现剪断或压溃	①主梁或主拱被落石冲击,承载能力损失严重,继续承担荷载有较大风险;②桥跨被堰塞湖淹没或被泥石流、碎屑流掩埋或冲毁,救灾阶段无法通行,灾后需部分或完全重建

图 3-5 A0 轻微震害

3.1.3.2 梁式桥构件破坏等级划分

桥梁构件破坏程度是桥梁通行能力的重要指标,也是桥梁抗震性能的主要表现,因此对桥梁构件的破坏进行分级。构件破坏等级划分主要考虑构件功能、构件残余承载能力与构件结构可靠性等因素。

根据不同桥梁构件的重要性及灾区梁式桥的特点,重要构件为上部主梁、桥墩,次要构件为支座及挡块。主要构件上部主梁、桥墩的等级划分与桥梁整体震害类似的划分为四级。

次要构件支座及挡块分为两级,为表示区分,在构件评级中增加下标。构件破坏等级具体划分定义如下。

图 3-6　中度震害

图 3-7　严重破坏

图 3-8　完全损毁

(1)主梁

根据主梁震后的残余承载能力与结构可靠性,将主梁的震害程度由轻至重分为 4 级,具体划分方法如表 3-2 所示。

主梁破坏等级划定义 表 3-2

震害等级	说 明
B_A 无明显破坏	主梁未出现明显的震害表现或震害表现并不明显
B_B 一般破坏	主梁发生一定刚体位移,但仍存在可靠支持,承载能力无明显降低,且落梁风险较小。梁板间铰缝出现一定破坏,梁体局部损伤;或受到崩塌掩体的影响,桥面有落石堆积或局部被落石破坏。在应急阶段不需要加固即可满足临时通行条件
B_C 严重破坏	主梁发生一定的刚体移位,梁端滑出支座中心线或支座功能完全丧失,梁体已无可靠支持,有较大的落梁风险。梁板间铰缝出现严重的破坏,梁体大面积损伤。或受崩塌体影响,桥面出现大面积坑洞。在应急阶段需紧急处置后方可满足临时通行条件
B_D 完全失效	主梁折断、落梁

（2）桥墩

与主梁类似,根据桥墩震后的残余承载能力与其结构可靠性,将桥墩的震害程度分为四级,具体划分方式如表 3-3 所示。

桥墩破坏等级划定义 表 3-3

震害等级	说 明
P_A 无明显破坏	桥墩墩身、系梁以及各个结点均未出现开裂、倾斜等震害表现
P_B 一般破坏	墩身、系梁仅出现少量开裂,但其承载能力并未明显削弱
P_C 严重破坏	墩身、系梁已出现贯穿裂缝或形成塑性铰,系梁、盖梁结点开裂,桥墩发生少量倾斜,其承载能力有一定的下降,但仍可满足临时通行需要。或墩身受到落石撞击,出现较大损伤
P_D 完全失效	桥墩折断、压溃或剪切破坏,其承载能力已基本丧失,已无法提供临时通行能力

（3）支座

由于汶川地震灾区桥梁支座几乎均为板式橡胶支座（少量低等级道路桥梁采用简易油毡,采用钢支座的只有渔子溪桥一座桥）。根据灾区桥梁支座特点及支座作为上下部的连接支承构件的功能,将支座震害等级划分为两级,即 S_A-支座完好;S_B-支座损坏。

（4）混凝土挡块

由于混凝土挡块被撞击开裂后,其横向限位功能则大幅度减弱,故对于混凝土挡块的破坏,分为 D_A-未破坏;D_B-破坏。

（5）构件统计方法

桥梁构件的统计方法,对于桥墩,全部以 1 个桥墩作为计算单位,对于双柱式或多柱式桥墩均按一个桥墩进行计数;对于主梁,分简支体系桥梁和连续梁分别计数。简支体系桥梁上部主梁以跨数为单位进行统计;连续梁上部主梁以联为单位进行统计。对于支座以支承线以（支承组）计数,挡块则以组数计（同一墩台所有挡块为 1 组）。

此外,在调查桥梁中,拱桥多为上承式圬工拱桥,因其主要承载构件——拱圈破坏特征不能进行详尽划分,故不对拱桥进行构件评级。

3.1.4 受灾概要

3.1.4.1 受损桥梁分布概要

汶川地震导致灾区大量公路桥梁受损,特别是位于汶川县、北川县及其附近的都江堰市、彭州市、绵竹市、什邡市、茂县、安县、平武县、青川县这几个极重灾县(市)境内的省道303线、国道213线、省道106线、省道302线、省道105线、省道205线、省道212线,许多公路桥梁出现严重破坏或损毁。受损桥梁分布与发震断层的发震过程与断层走向有密切关系,具有与地震烈度相同的带状分布特点。受损严重的公路桥桥梁集中主要集中在:①震中附近映秀的二条线路(国道213线映秀至都江堰段、国道213线映秀至汶川段、省道303线映秀至卧龙段);②北川附近二条线路(省道302线江油至北川段、省道302线北川至茂县段及与断裂带大致平行的省道105线彭州至北川段与省道105线北川至沙洲段)。

3.1.4.2 主要受灾线路中桥梁受损概况

在整个汶川地震灾区中,国道213线都江堰至映秀段、都江堰至映秀高速公路、国道213线映秀至汶川段、省道303线映秀至卧龙段、省道105线北川至青川段、省道302线北川至茂县段等公路受损最为严重。在这些公路中,桥梁破坏情况如下:

(1)国道213线都江堰至映秀段公路

公路位于发震断层下盘,共35座桥梁,均为梁式体系桥梁。出现严重震害(C级)桥梁共有6座,占该段线路桥梁总数的17.1%;该段线路仅有百花大桥为完全失效(D级)。在地震动作用下,百花大桥大部分桥墩墩底出现压溃。其中百花大桥第五联桥下新近沉积软土出现沉陷开裂。

(2)都江堰至映秀高速公路

公路位于发震断层下盘,共37座桥梁(其中终点桥梁映秀顺河桥穿越断层),出现严重震害(C级)桥梁共有5座。另外,由于发震断层从映秀顺河桥穿过,导致顺河桥呈现多米诺骨牌垮塌;庙子坪岷江大桥因引桥发生落梁,通行能力完全丧失,上述两座桥梁完全失效(D级)。如图3-9、图3-10所示。

图3-9 庙子坪岷江大桥落梁破坏

图3-10 垮塌后的映秀顺河桥

(3)国道213线映秀至汶川段公路

公路位于发震断层上盘,桥梁共55座。出现严重震害(C级)桥梁共有8座;完全损毁(D级)桥梁为8座(图3-11)。桥梁震害的致灾机理以地震引发的地质灾害为主(间接震害)。如K26+773顺河桥第一跨梁体被山体崩落体砸断(图3-12),彻底关大桥第1~3跨遭受巨石撞击而完全倒塌。此外,公路中斜交梁式桥的主梁移位严重。

图 3-11 损毁后的桃关大桥

图 3-12 顺河桥桥体被砸断

(4) 省道 303 线映秀至卧龙段公路

公路为断层上盘,且位于发震破裂方向后方。S303 线共 33 座桥梁,其中映秀至卧龙段共 19 座桥梁,出现严重震害(C 级)桥梁共有 3 座;完全损毁(D 级)桥梁为 4 座。卧龙至日隆段 14 座桥梁未出现 C、D 级震害。这与汶川地震断层破裂的方向性效应相吻合。

发生损毁的桥梁均以地质灾害为主。地震次生灾害引发的山体崩塌将桥梁掩埋,如渔子溪 1 桥(图 3-13),堰塞湖淹没桥梁,如巴郎河桥(图 3-14)。

图 3-13 被落石砸跨后的渔子溪 1 桥

图 3-14 堰塞湖淹没后巴郎河桥

(5) 省道 105 线北川至青川段公路

公路与龙门山中央断裂带几乎平行,并与中央主断裂距离较近,先后数次跨越中央主断裂,自北川县城至南坝段穿越"北川极震区"。公路中全桥失效(D 级)的桥梁共有 5 座,分别为陈家坝大桥、南坝大桥、南坝旧桥、曲河大桥、井田坝大桥,除南坝大桥为在建斜交简支梁桥外,其余 4 座均为大规模拱式体系桥梁。如图 3-15、图 3-16 所示。

(6) 省道 302 线北川至茂县段公路

公路位于中央断裂带上盘,唐家山堰塞湖影响区域内。线路中有 24 座桥梁完全失效(D 级),其中石蓑衣大桥因距离断层地表破裂带不足 1km,在震后出现极为严重的震损表现,其余 22 座则因唐家山山体滑坡后,或掩埋或被堰塞湖中上升的水面淹没。如图 3-17、图 3-18 所示。

3.1.4.3 各类桥型典型震害

调查范围内的桥梁主要为简支梁桥、连续梁桥、拱桥和连续刚构桥 4 种桥型。

图3-15 伸缩缝处防撞护栏错动

图3-16 桥台锥坡、侧墙破坏

图3-17 泄洪时的唐家山堰塞湖

图3-18 损毁后的石蓑衣大桥

(1) 简支梁桥震害

简支梁桥主要震害表现有：

①主梁纵横向移位及平面转动，甚至发生落梁。
②墩梁相对位移导致其支座、挡块和伸缩缝破坏。
③桥墩出现开裂、塑性铰、压溃、剪切等震害。
④桥台侧墙、锥坡局部开裂、台后填土下沉等。

(2) 连续梁桥

连续梁桥上部结构与简支体系桥的震害基本相同，如梁体移位、支座和挡块破坏等；不同之处在于：

①连续梁固定墩墩柱崩裂、压溃等。
②梁体开裂。

(3) 拱桥

拱桥的主要震害现象为：

①刚架拱主拱断裂，桥跨整体垮塌。
②圬工拱整体垮塌。
③拱上建筑开裂。拱上建筑包括腹拱圈、拱上横墙、立柱及桥面板等。

(4) 连续刚构桥

连续刚构共 3 座桥,仅有位于实际烈度 X 的庙子坪岷江大桥发生破坏,其主要震害有主梁开裂、移位、墩身破坏、支座破坏等,具体震害表现为:

① 主梁发生明显的纵横向移位。主梁移位以边跨横向移位为主,呈现明显的摆尾现象。边跨端部相对主墩的横向最大移位为 41cm。

② 主梁部分节段开裂。主梁边跨及中跨、底板及腹板均出现裂缝。边跨的裂缝较中跨严重,且底板裂缝多而密。边跨裂缝主要出现在交界墩附近。

③ 过渡墩盆式橡胶支座受损相当严重,基本功能丧失。支座脱空,螺栓剪断。

④ 主墩及交界墩出现倾斜开裂。5 号主墩水下部分出现了水平贯穿裂缝。3 号交界墩墩底出现多条裂缝。过渡墩比主墩倾斜严重,纵向倾斜比横向倾斜明显。

3.1.5 震害统计

所调查的桥梁分别位于 12 条高速公路、35 条国省道及部分县乡级道路及市政桥梁上。其中:四川境内共调查高速公路 12 条,国省道公路 28 条,其他县乡级道路 4 条;甘肃境内共调查国省道公路 3 条;陕西境内共调查国省道公路 4 条。

三省调查的国省干线公路桥梁共计 2154 座,各省分别为:四川境内共调查桥梁 1889 座,甘肃境内共调查桥梁 113 座,陕西境内共调查桥梁 152 座。此外,除国省干线公路外,还调查其他县乡级道路及市政桥梁共计 53 座。

3.1.5.1 总体震损情况统计

调查的 2154 座国省干线桥梁中,出现明显震损的公路桥梁共计 401 座,其中 52 座桥梁完全失效(D 级破坏),70 座桥梁出现了影响其结构承载能力产生严重破坏(C 级破坏),出现严重破坏与完全失效的桥梁多集中在"映秀极震区"与"北川极震区"附近区域内的线路上,另外还有 279 座桥梁出现了中等破坏(B 级破坏)。

为找出各类不同规模、不同结构类型的桥梁,在不同烈度区域内的震损规律,为进一步对桥梁震害特征进行分析做数据准备,将针对不同条件下的桥梁震害做进一步的归类统计分析。调查区域涵盖汶川地震中地震实际烈度为Ⅷ~Ⅺ度全部国省干线公路、绝大部分Ⅶ度区公路与部分Ⅵ度区公路。区域内被调查的桥梁中,除广元市附近的极少部分桥梁设计设防烈度为Ⅵ度外,其余桥梁设计设防烈度均为Ⅶ度。

3.1.5.2 各省公路桥梁破坏统计

调查桥梁中,位于地震烈度为Ⅶ~Ⅺ度区域内的 1408 座桥梁中,完全失效的桥梁主要集中在四川省境内。

从表 3-4 中可以看出,被调查桥梁中陕、甘两省桥梁样本数少,且按行政区域统计对桥梁震害意义不大。故在后续统计中不以行政区开展统计。

三省Ⅶ~Ⅺ度区域内桥梁震害统计   表 3-4

省份	A0	A	B	C	D	合计
四川省	323	533	197	67	51	1170
甘肃省	49	47	14	1	1	112

续上表

省份	A0	A	B	C	D	合计
陕西省	88	38	0	0	0	126
合计	460	618	211	67	52	1408

3.1.5.3 不同线路等级桥梁破坏统计

在被调查的47条国省干线公路中,有高速公路12条,其余35条则均为国省道。桥梁震害按线路统计情况如表3-5所示。

桥梁震害按线路类型统计情况　　表3-5

线路类型	A0	A	B	C	D	合计
高速公路	127	428	46	4	2	607
国省道	332	182	171	66	50	801
合计	459	610	217	70	52	1408

根据表3-5中的统计结果,高速公路桥梁的严重破坏率远低于国省道,但结合调查结果可以看出,地震烈度为Ⅶ~Ⅺ度的调查区域内,绝大多数(93.7%)高速公路桥梁多分布在地震烈度较低(Ⅵ、Ⅶ度区)区域内,在高烈度区域(Ⅹ、Ⅺ度区)内数量较少(6.3%)。由于高速公路桥梁在空间分布上的严重不对称性,加之调查区域内的高速公路桥梁也均按Ⅶ度进行设防,故在后续震损统计中并不对高速公路与国省干线桥梁进行区分。

3.1.5.4 次生地质灾害破坏的桥梁

汶川地震发震断裂带——龙门山中央断裂带,以逆冲为主兼一定的走滑分量的断层地震。龙门山断裂带式四川盆地向青藏高原的过渡区域,地貌类型构成复杂,平原、低山、中山、高山、极高山均有分布。在地震中,地震诱发大量的地质灾害。地震所引起的山体崩塌、河流拥塞等次生地址灾害对公路桥梁也造成了严重的破坏。

震害调查书表明,绝大多数的次生地质灾害发生在龙门山中央断裂带上盘,而次生地质灾害对于桥梁的影响也多集中在此区域内的省道303线映秀至卧龙公路、国道213线映秀至汶川公路以及省道302线茂县至北川公路等线路上,受到次生地质灾害影响的桥梁共计58座。见表3-6。

汶川地震桥梁受次生地质灾害影响情况统计　　表3-6

灾害类型		A	B	C	D	合计
崩塌体砸损或掩埋	上盘	0	4	6	12	22
	下盘	1	1	3	3	8
水毁	上盘	3	0	0	25	28
	下盘	0	0	0	0	0
合计		4	5	9	40	58

统计表明,汶川地震中遭受次生地质灾害影响的桥梁并不多,仅占所有调查桥梁的4.1%,主要分布于高山峡谷地区,但造成的破坏却相当严重。在全部52座全桥失效的桥

梁,有40座因次生地质灾害所致,占全桥失效桥梁总数的76.9%,进一步计算震损率可以看出,遭受次生地质灾害的桥梁中全桥失效率高达69.0%,严重震害率也达15.5%,也就是说遭受次生地质灾害的桥梁中有84.5%的桥梁在震后不能立即投入使用或直接导致不能通行,对救灾产生较大的不利影响。

同时,从遭受次生地质灾害桥梁所处的构造区域来说,位于上盘的桥梁共50座,位于下盘的桥梁共8座,上盘桥梁受到次生地质灾害大于下盘,这与整个区域内的地形及区域岩性特征有密切关系。由次生地质灾害所引起的桥梁震害与结构类型、桥梁规模等本身并无直接关系,这一角度来说,对直接震害进行探讨更有意义。

3.1.5.5 烈度区域震损统计

不同烈度区内桥梁的震损情况也明显不同,统计表明,Ⅶ度区桥梁未出现C、D级破坏桥梁;在Ⅷ度区未出现D级破坏桥梁,C级破坏率仅为1.4%;在Ⅸ度区,C、D级破坏桥梁分别增至13.9%与1.8%,而在Ⅹ度及以上区域内,C、D级破坏桥梁则达到7.5%与32.5%,远高于Ⅸ度及以下区域内的桥梁震损率。烈度区域震损统计见表3-7。

烈度区域震损统计　　　　　　　　　　表3-7

烈度区域	A0	A	B	C	D	合计
7度区	304	432	42	0	0	778
8度区	115	115	50	7	0	287
9度区	33	35	73	21	3	165
10、11度区	7	24	47	33	9	120
合计	459	606	212	61	12	1350

3.1.5.6 不同结构类型桥梁震损统计

在所调查的Ⅶ~Ⅺ度区国省干线公路桥梁设计梁式体系桥梁、拱式体系桥梁、钢构桥梁、缆索承重体系4类结构体系,梁式体系桥梁在被调查公路桥梁中数量最多,共有1048座,占总桥数的77.6%。在梁式体系桥梁中又以简支梁桥数量最多,共计958座,其余92座则为连续梁桥。拱式体系桥梁在被调查的桥梁中数量仅次于梁式体系桥梁,共297座,占总桥数的22.0%。两类桥梁合计占总桥数的99.6%,是调查区域内的主要桥型。

区域内各类桥梁震损数量如表3-8所示。从表3-8中可以看出不同结构类型桥梁的震损情况,但区域内因涉及桥梁众多,烈度区域跨越较大,难以对不同类型桥梁的抗震性能做出评价与比较,故在后续章节中,将对不同类型桥梁自身的震损情况进行统计分析。

不同结构类型桥梁震损统计　　　　　　　　　表3-8

桥型	A0	A	B	C	D	合计
简支梁桥	345	467	119	23	4	958
连续梁桥	11	54	22	2	1	90
拱桥	102	84	69	36	6	297
其他	1	1	2	0	1	5
合计	459	606	212	61	12	1350

3.1.5.7 简支梁桥震害

(1) 简支梁桥总体震害

Ⅶ度及以上区域内,调查的简支梁桥上部结构多为预应力混凝土空心板、预应力混凝土T/I形梁;下部结构多为双柱排架墩,如夏禹大桥(图3-19)和顺河桥(图3-20);绝大部分简支梁桥支座均采用板式橡胶支座,部分低等级公路中小跨径单跨(跨度5~15m)简支梁桥采用油毛毡简易支座。此外,极少量建设年代较早的桥梁采用摆轴支座。需要特别说明的是,除部分尚未完工的桥梁外,其余桥梁均采用桥面连续结构。从桥梁规模来看,共有大桥及特大桥170座,中桥383座,小桥405座,其中跨径不足20m的单跨小桥334座,占小桥总数的82.47%。各烈度区内不同规模简支梁桥数量及震损情况见表3-9。

图3-19 夏禹大桥横向变形　　　　　　　图3-20 顺河桥桥墩剪切破坏

各烈度区内不同规模简支梁桥数量及震损情况　　表3-9

烈 度		震 损 等 级					
		A0-无破坏(座)	A-轻微破坏(座)	B-中等破坏(座)	C-严重破坏(座)	D-全桥失效(座)	合计(座)
Ⅶ度区	(特)大桥	14	49	8	0	0	71
	中桥	86	170	5	0	0	261
	小桥	146	117	6	0	0	269
Ⅷ度区	(特)大桥	3	43	6	0	0	52
	中桥	18	37	10	1	0	66
	小桥	58	13	4	0	0	75
Ⅸ度区	(特)大桥	0	0	25	5	0	30
	中桥	2	8	14	1	0	25
	小桥	15	14	9	1	0	39
Ⅹ、Ⅺ度区	(特)大桥	0	0	6	7	4	17
	中桥	1	9	17	4	0	31
	小桥	2	7	9	4	0	22
合计		345	467	119	23	4	958

从表 3-9 可知，Ⅶ～Ⅺ度区，出现 C、D 级破坏共 33 座，占总数的 3.4%。在实际烈度为Ⅵ度的区域内，最严重的破坏为 B 级（调查区域内原设防烈度为Ⅵ、Ⅶ），说明灾区简支梁桥抗震能力达到设防目标。在Ⅷ、Ⅸ度区 C 级破坏率仅分别为 0.5%、8.5%，未出现 D 级破坏；Ⅹ及Ⅺ度区 C、D 级破坏率分别为 28.6%、5.7%。相同烈度区域内，简支梁桥破坏严重程度随桥梁规模加大而加重。出现 D 级破坏桥梁均为Ⅹ、Ⅺ度区的大桥（特大桥）。大、中、小桥的震害均呈随烈度增加而增加的趋势，这也是与总体统计的结果相吻合的。综合烈度和桥梁规模两个因素来看，桥梁规模越大、烈度越高，震害程度越严重。

（2）主梁震害

调查区域内简支梁共有 3298 跨，截面形式有 T 梁、空心板、实心板三种。所有桥跨均未发现主梁破坏、开裂等结构性震害，震害主要形式为主梁移位。梁体移位程度与主梁破坏等级密切相关，为突出梁体移位程度，故以梁体移位程度作为主梁破坏的划分等级。主梁破坏情况统计见表 3-10。

主梁破坏情况统计 表 3-10

烈 度		B_A-无明显移位（跨）	B_B-少量移位（跨）	B_C-无可靠支承（跨）	B_D-落梁（跨）	合计（跨）
大桥及特大桥	Ⅶ度区	947	50	0	0	997
	Ⅷ度区	539	26	0	0	565
	Ⅸ度区	14	202	26	0	242
	Ⅹ、Ⅺ度区	8	52	46	36	142
中桥	Ⅶ度区	518	9	0	0	527
	Ⅷ度区	144	13	3	0	160
	Ⅸ度区	17	67	2	0	86
	Ⅹ、Ⅺ度区	28	42	11	0	81
小桥	Ⅶ度区	313	6	0	0	319
	Ⅷ度区	86	3	0	0	89
	Ⅸ度区	30	31	0	0	61
	Ⅹ、Ⅺ度区	11	10	8	0	29
合计		2655	511	96	36	3298

统计表明，出现移位的桥跨共 643 跨，占总数的 19.5%。中小规模简支梁桥主梁移位率远低于大桥（特大桥）的主梁移位率。发生落梁的梁跨（36 跨）中有 29 跨尚未施工完成。

处于运营状态发生落梁共 7 跨（渝江河大桥及石蓑衣大桥），距断层分别为 300m 和 800m。这一现象表明：对于已施工完铰缝或横隔板等横向连接构造和桥面连续的桥跨，主梁移位均为整跨（单跨桥）或整联（多跨桥）的整体移位，主梁表现出良好的整体性，即使对于横向移位较大甚至出现横向落梁震害的桥梁，在一联之内主梁也基本保持顺直。

（3）支座、挡块震害

板式橡胶支座的震害形式较多，主要有支座移位、剪切变形、脱空、翻滚卷曲等，以前两种居多，支座全部脱空一般出现在支座数量较多的空心板桥中。支座破坏统计见表 2-11。

发生破坏的组数为1092组,占总数6596组的16.6%,这与主梁发生移位比例19.5%接近。

支座破坏情况统计　　　　　　　　　　　　　　　　　　　　　表3-11

烈　　度		震损等级		
		S_A-无破坏(组)	S_B-破坏(组)	合计(组)
大桥	Ⅶ度区	1884	110	1994
	Ⅷ度区	1082	48	1130
	Ⅸ度区	148	336	484
	Ⅹ、Ⅺ度区	47	237	284
中桥	Ⅶ度区	1044	10	1054
	Ⅷ度区	292	28	320
	Ⅸ度区	42	130	172
	Ⅹ、Ⅺ度区	56	106	162
小桥	Ⅶ度区	632	4	636
	Ⅷ度区	176	2	178
	Ⅸ度区	71	51	122
	Ⅹ、Ⅺ度区	28	30	58
合计		5502	1092	6594

挡块的主要震害形式以轻微开裂、严重开裂、碎裂、混凝土碰撞剥落、完全破坏等中轻微开裂最为常见,在主梁移位较严重的桥梁中可能出现严重开裂的情况,而落梁均伴随有挡块完全破坏。挡块破坏统计情况如表3-12所示。发生破坏的组数为720组,占总数4283组的16.8%。

挡块破坏情况统计　　　　　　　　　　　　　　　　　　　　　表3-12

烈　　度		震损等级		
		D_A-无破坏(组)	D_B-破坏(组)	合计(组)
大桥	Ⅶ度区	976	92	1068
	Ⅷ度区	466	151	617
	Ⅸ度区	169	106	275
	Ⅹ、Ⅺ度区	43	118	161
中桥	Ⅶ度区	761	27	788
	Ⅷ度区	187	39	226
	Ⅸ度区	40	79	119
	Ⅹ、Ⅺ度区	69	43	112
小桥	Ⅶ度区	581	5	586
	Ⅷ度区	161	3	164
	Ⅸ度区	87	24	111
	Ⅹ、Ⅺ度区	21	33	54
合计		3561	720	4281

(4) 桥墩震害

区域内桥梁桥墩形式主要有钢筋混凝土排架墩、钢筋混凝土独柱墩(含墙式墩)和重力式圬工桥墩三种。其中以排架墩最为普遍,采用矩形空心截面的排架墩仅在都映高速公路庙子坪岷江大桥、新房子大桥左右线等极少数桥梁中使用,圬工重力式桥墩主要用于修建年代较早的桥梁。震害形式主要有墩柱底开裂、墩顶开裂、压溃、倾斜、盖梁开裂、桥墩倒塌等。共调查2316个桥墩,出现震害的桥墩较少,共56个桥墩出现震害,震损率为2.3,远低于主梁、支座、挡块的震损率。在Ⅶ、Ⅷ、Ⅸ度区内,仅有甘肃省毛坝桥2、3号桥墩出现B级破坏。其余出现破坏的桥墩均位于Ⅹ、Ⅺ度区内。Ⅹ、Ⅺ度区内桥墩震损情况见表3-13。

Ⅹ、Ⅺ度区内桥墩震损情况统计 表3-13

烈 度	震 损 等 级				
	无破坏	一般破坏	严重破坏	完全失效	合计
钢筋混凝土排架墩	103	12	11	18	144
钢筋混凝土独柱墩	14	0	9	0	23
圬工重力式桥墩	13	0	1	3	17
合计	130	12	20	21	184

钢筋混凝土排架墩 P_D 级破坏率为12.5%,圬工重力式桥墩 P_D 级破坏率为17.6%。其中,失效的钢筋混凝土排架墩主要为跨越断层的映秀顺河桥(15个桥墩),扣除此桥墩数后,P_D 级破坏比例率为2.4%。值得指出的是,在汶川地震中,庙子坪岷江大桥出现了桥墩水下震害,淹没于水中的7号~11号墩均出现了裂缝,最大裂缝宽度0.8mm。

(5) 斜交桥梁震害

调查结果显示,区域内958座未受次生地质灾害影响的简支梁桥中,除884座正交桥梁外,其余74座则为斜交简支梁桥。对于斜交桥梁,因其主梁平面形状不再为轴对称图形,导致其沿桥轴方向的线密度分布不均,在地震中,其震损表现较正交桥梁有一定的变化。区域内简支体系桥梁中,斜、正交简支梁桥震损情况与震损比例统计如表3-14所示。

斜、正交简支梁桥震损情况与震损比例统计 表3-14

烈 度		震 损 等 级					
		A0-无破坏(座)	A-轻微破坏(座)	B-中等破坏(座)	C-严重破坏(座)	D-全桥失效(座)	合计(座)
正交桥梁	Ⅶ度区	243	317	18	0	0	578
	Ⅷ度区	78	93	20	0	0	191
	Ⅸ度区	16	18	19	3	0	56
	Ⅹ、Ⅺ度区	3	16	28	9	3	59
	小计	340	444	85	12	3	884
斜交桥梁	Ⅶ度区	3	19	1	0	0	23
	Ⅷ度区	1	0	0	1	0	2
	Ⅸ度区	1	4	29	4	0	38
	Ⅹ、Ⅺ度区	0	0	4	6	1	11
	小计	5	23	34	11	1	74

同时,从简支梁桥震害调查统计中可以看出,对于斜交简支梁桥,与正交桥梁震损表现最为明显的区别在于,斜交桥梁梁体在地震中除较正交桥梁除横纵向移位外,还易于发生平面转动,增加了边跨梁体在移位后的落梁风险。不同交角主梁震后震损情况与震损比例统计如表3-15所示。

不同交角主梁震后震损情况与震损比例统计　　　　表3-15

烈　度		B_A-无明显移位(跨)	B_B-少量移位(跨)	B_C-无可靠支承(跨)	B_D-落梁(跨)	合计(跨)
正交桥梁	Ⅶ度区	1699	63	0	0	1762
	Ⅷ度区	768	42	0	0	810
	Ⅸ度区	41	154	3	0	198
	Ⅹ、Ⅺ度区	43	91	47	26	207
	小计	2551	350	50	26	2977
斜交桥梁	Ⅶ度区	79	2	0	0	81
	Ⅷ度区	1	0	3	0	4
	Ⅸ度区	20	146	25	0	191
	Ⅹ、Ⅺ度区	4	13	18	10	45
	小计	104	161	46	10	321

从表中可以看出,对于斜交简支梁桥,在地震中较正交简支梁桥主梁更容易发生移位,大大增加了其落梁风险,使得桥梁更容易发生严重破坏或失效。

3.1.5.8　连续梁桥震害

调查区域内,连续梁桥共90座、185联,均为预应力混凝土箱梁,跨度多在20~30m间,最大跨度110m,为华兴寺嘉陵江大桥。各烈度区内不同规模连续梁桥数量及震损情况见表3-16。

各烈度区内不同规模连续梁桥数量及震损情况统计　　　　表3-16

烈　度		A0-无破坏(座)	A-轻微破坏(座)	B-中等破坏(座)	C-严重破坏(座)	D-全桥失效(座)	合计(座)
Ⅶ度区	大桥	8	40	2	0	0	50
	中桥	3	9	4	0	0	16
Ⅷ度区	大桥	0	2	3	0	0	5
	中桥	0	3	2	0	0	5
Ⅸ度区	大桥	0	0	5	0	0	5
	中桥	0	0	1	0	0	1
Ⅹ、Ⅺ度区	大桥	0	0	0	1	1	2
	中桥	0	0	5	1	0	6
合计		11	54	22	2	1	90

Ⅶ~Ⅺ度区,出现 C、D 级破坏共 3 座,占总数的 3.3%。连续梁桥中,出现 C、D 级破坏的桥梁均位于 Ⅹ、Ⅺ度区。距断层 1.4km 的百花大桥失效(D 级破坏)。

(1)主梁震害

连续梁桥主梁震害与简支梁桥类似,主要表现形式以梁体移位为主,除极少数采用墩梁固结的连续梁桥中,部分固接墩附近梁体发生开裂,其余未垮塌梁段均未发现主梁破坏、开裂等结构性震害。故在连续梁桥主梁移位统计中以联为单位,对其破坏情况进行统计,见表 3-17。

连续梁桥主梁破坏情况统计 表 3-17

烈 度		B_A-无明显破坏(联)	B_B-少量破坏(联)	B_C-严重破坏(联)	B_D-失效(联)	合计(联)
大桥	Ⅶ度区	121	5	0	0	126
	Ⅷ度区	7	4	0	0	11
	Ⅸ度区	3	10	0	0	13
	Ⅹ、Ⅺ度区	0	0	6	1	7
中桥	Ⅶ度区	12	4	0	0	16
	Ⅷ度区	3	2	0	0	5
	Ⅸ度区	0	1	0	0	1
	Ⅹ、Ⅺ度区	0	5	1	0	6

(2)支座震害

调查区域内连续梁桥的支座形式有主要有板式橡胶支座和盆式橡胶支座两种,其中板式橡胶支座 231 组、盆式橡胶支座 281 组,合计 512 组。两种支座形式在地震中均出现了震害,盆式支座的主要震害形式主要有支座限位块破坏,预埋螺栓剪断,上、下座板移位过大,个别支座还出现了脱空的情况;板式橡胶支座的主要震害形式有支座剪切变形、局部脱空、锚栓剪断或弯曲、支座移位等。见表 3-18。

支座破坏情况统计 表 3-18

桥梁、支座类型		震损等级		
		无破坏	破坏	合计
直连续梁桥	板式橡胶支座	15	2	17
	盆式橡胶支座	524	25	549
弯连续梁桥	板式橡胶支座	2	44	46
	盆式橡胶支座	299	72	371
合计		840	143	983

通过表 3-18 可以看出,直线连续梁桥支座破坏情况比弯连续梁桥轻。采用板式橡胶支座发生破坏的比例高于盆式橡胶支座。

(3)桥墩震害

连续梁桥主要有排架墩和独柱墩两种,以排架墩居多,震害也多集中在这类桥墩上,从桥墩与主梁的连接关系分为固定墩及非固定墩。主要震害形式有桥墩倾斜、墩底压溃、墩底塑性铰、系梁破坏，墩柱与系梁节点破坏、完全倒塌等。Ⅶ、Ⅷ桥墩611个，均未出现破坏。Ⅸ～Ⅺ度共有桥墩共143个，固定墩29个，非固定墩114个，其中部分桥墩出现不同程度的破坏，破坏情况如表3-19所示。

桥墩破坏情况统计 表3-19

烈度			P_A-无明显破坏（组）	P_B-少量破坏（组）	P_C-严重破坏（组）	P_D-失效（组）	合计（组）
独柱墩	一般墩	Ⅸ度区	62	17	0	0	79
		Ⅹ、Ⅺ度区	2	4	0	0	6
	固定墩	Ⅸ度区	12	7	0	3	22
		Ⅹ、Ⅺ度区	0	1	1	0	2
排架墩	一般墩	Ⅸ度区	0	0	0	0	0
		Ⅹ、Ⅺ度区	16	4	1	8	29
	固定墩	Ⅸ度区	0	0	0	0	0
		Ⅹ、Ⅺ度区	0	0	0	5	5
合计			92	33	2	16	143

桥墩数量较少，不宜进行震损率统计。通过调查发现，设置墩梁固结固定墩破坏相对严重，特别是小半径曲线连续梁桥设置墩梁固结的固结墩破坏严重。Ⅸ度区的棉竹回澜立交桥匝道桥3个固结墩压溃（D级）、小黄沟中桥的固结桥墩倾斜开裂（C级）。

调查区域内共365组桥墩，其中26组桥墩出现震害，震损率为6.6%，较简支梁桥的桥墩的震损率（2.3%）明显要高。在Ⅶ、Ⅷ度区桥墩表现较好，但Ⅸ～Ⅺ度区的桥墩震损率较高，严重震害率为8.5%，完全失效率更达12.8%，这两个指标也高于简支梁桥。

（4）弯连续梁桥震害

区域内的连续梁桥中，有直线桥梁53座，其余37座连续梁桥则均为曲率半径小于300m的弯连续梁桥。对于弯连续梁桥，由于其主梁质心偏离桥轴线，同时弯桥两岸桥台对于梁体的限制要远小于直线桥，导致其破坏特点与震损程度较直线桥有较大区别。见表3-20。

弯连续梁桥震害统计 表3-20

烈度		B_A-无明显破坏（联）	B_B-少量破坏（联）	B_C-严重破坏（联）	B_D-失效（联）	合计（联）
直线桥	Ⅶ度区	77	3	0	0	80
	Ⅷ度区	10	6	0	0	16
	Ⅸ度区	0	7	0	0	7
	Ⅹ、Ⅺ度区	0	1	0	0	1
	小计	87	17	0	0	104

续上表

烈 度		震损等级				
		B_A-无明显破坏(联)	B_B-少量破坏(联)	B_C-严重破坏(联)	B_D-失效(联)	合计(联)
弯桥	Ⅶ度区	56	6	0	0	62
	Ⅷ度区	0	0	0	0	0
	Ⅸ度区	3	4	0	0	7
	Ⅹ、Ⅺ度区	0	4	7	1	12
	小计	59	14	7	1	81

从表 3-20 中可以看出,对于统计区域内的连续梁桥,弯连续梁桥的主梁移位率明显高于直线桥的主梁移位率。在统计区域内,弯连续梁桥主梁的严重破坏率为 8.6%,且有 1 跨完全失效;而区域内直线连续梁桥主梁未出现严重破坏与完全失效的情况。同时,通过对破坏严重的弯连续梁桥(如百花大桥、回澜立交桥等)的震害调查,表明对于弯连续梁桥,在主梁发生移位时,往往存在向曲线外侧移位的较大分量。

3.1.5.9 拱桥震害

(1)拱桥总体震害

Ⅶ~Ⅺ度内,拱桥共 297 座,其中在Ⅶ度区内 108 座,Ⅷ度区内 84 座,Ⅸ度区内 64 座,Ⅹ~Ⅺ度区 84 座。Ⅶ度区未发生 C、D 级破坏,Ⅶ~Ⅺ度区发生 C 级破坏的 36 座,D 级破坏的 6 座,出现 C、D 级震害的拱桥多为大跨度桥梁。如图 3-21 所示为小鱼洞大桥整体破坏照片。

图 3-21 小鱼洞大桥整体破坏

(2)不同主拱材料拱桥震害

在 297 座拱桥中,圬工材料的拱桥共 276 座,钢筋混凝土拱桥 21 座(含钢管拱 1 座),其中钢筋混凝土拱桥均为大桥。两类材料拱桥的破坏程度大不相同,圬工拱桥在 Ⅹ~Ⅺ度区内,C、D 级破坏比例急剧上升。不同主拱材料拱桥震害统计见表 3-21。

不同主拱材料拱桥震害统计 表 3-21

烈 度		震损等级					
		A0-无破坏(座)	A-轻微破坏(座)	B-中等破坏(座)	C-严重破坏(座)	D-完全失效(座)	合计(座)
大桥	Ⅶ度区	1	8	2	0	0	11
	Ⅷ度区	0	1	2	3	0	6
	Ⅸ度区	0	1	0	1	2	4

续上表

烈 度		震损等级					
		A0-无破坏(座)	A-轻微破坏(座)	B-中等破坏(座)	C-严重破坏(座)	D-完全失效(座)	合计(座)
大桥	X、XI度区	0	1	0	0	2	3
中桥	VII度区	12	11	3	0	0	26
	VIII度区	8	3	7	1	0	19
	IX度区	6	4	5	6	0	21
	X、XI度区	1	2	2	8	0	13
小桥	VII度区	33	22	10	0	0	65
	VIII度区	27	11	13	2	0	53
	IX度区	10	7	10	5	0	32
	X、XI度区	3	5	6	8	1	23
合计		101	76	60	34	5	276

钢筋混凝土拱桥(含钢管混凝土拱桥)仅有井田坝大桥出现全桥垮塌,而该桥桥墩采用重力式圬工墩,且墩身较高,其垮塌原因为桥墩墩底发生弯曲破坏导致全桥垮塌。其余钢筋混凝土拱桥在地震中的表现均优于圬工材料拱桥。如位于VI度区的杜溪大桥,3×40m钢筋混凝土肋拱桥,仅发生中等破坏;IX度区的白水河大桥,3×90m钢筋混凝土箱拱(单跨跨度为调查拱桥中最大),破坏等级为C级。5座D级破坏的圬工拱桥中4座垮塌(单跨跨度均大于40m)。桥梁钢筋混凝土拱桥震损情况统计见表3-22。

桥梁钢筋混凝土拱桥震损情况统计　　　表3-22

烈　度	震损等级					
	A0	A	B	C	D	合计
7度区	0	5	1	0	0	6
8度区	1	2	3	0	0	6
9度区	0	1	3	2	1	7
10、11度区	0	0	2	0	0	2
合计	1	8	9	2	0	21

3.1.6 整体震害特点

(1)灾区桥梁抗震性能总体达到设防目标

震害统计结果表明,调查区域VII~XI内的1350座未受到次生地质灾害影响的桥梁中,无震害(A0级)、轻微破坏(A级)及中等破坏(B级)破坏的桥梁比例为94.6%,在VII度区内未出现严重破坏(C级)的桥梁,地震灾区桥梁原抗震设防烈度均为VI度和VII度,这表明灾区桥梁抗震性能总体达到设防目标,满足规范要求的"中震可修"的设防标准。此外,调查区域内大量破坏的桥梁位于实际地震烈度为VIII~XI度区,VIII度区域内未受到次生地质灾害影响的桥梁出现C级破坏的桥梁比例为2.4%,未出现D级破坏的桥梁;IX度区域内的桥梁出现

C、D级破坏的桥梁比例分别为12.7%与1.8%;Ⅺ、Ⅵ度区域内出现C、D级破坏的桥梁比例则为27.5%与7.5%。这表明灾区桥梁承受比设防水准高的地震动情况下,基本实现"大震不倒"的抗震设防目标,有效地保证了大部分桥梁在特大地震中的安全性。

(2)次生地质灾害对桥梁的破坏巨大,并具有明显的区域性

在汶川地震中,遭受次生地质灾害的桥梁并不多,但震害程度却非常严重。调查表明,汶川地震中遭受次生地质灾害的桥梁共58座,其中D级40座,C级9座,在受灾严重的桥梁中由次生地质灾害所致的桥梁占绝对多数,这是在近30年来国内外桥梁震害新特点,这一特点说明了山区公路桥梁抗震的特殊性。

统计结果还表明,因次生地质灾害破坏的C级、D级破坏的49座桥梁中,位于龙门山中央断裂带上盘43座,下盘6座,且位于上盘的桥梁均集中在映秀至清平北东30km,中央断裂带与后山断裂带之间区域以及北川县城附近唐家山堰塞湖影响区域内。

这与桥梁的桥位地形及岩性有密切的关系,也与汶川地震动的上、下盘效应有关。

从次生地质灾害对桥梁破坏程度及上、下盘破坏差异特点得到如下启示:在高烈度地震山区,桥梁抗震应首要考虑桥位地形、地质条件的影响;在公路选线中,应充分考虑在地震作用下次生地质灾害对桥梁的影响。

(3)桥梁抗震性能与其规模密切相关

地震动直接致灾的桥梁中,桥梁抗震性能与桥梁规模密切相关,大桥震损率明显较中、小桥要高,严重震害(C级)率和全桥失效(D级)率表现出大桥＞中桥＞小桥的规律。Ⅷ～Ⅺ度区桥梁中,大桥和特大桥C、D级破坏率合计为21.3%,中桥为11.8%,小桥为8.6%。原因为:其一,中、小桥上部结构的振动易受到桥台的约束;其二,桥跨越多,桥梁的振型越密集,且各桥墩的线刚度比越不容易协调。

这一震害特点的启示是:对于单跨跨径小但跨数多的简支体系大桥,不能因其跨度不大而轻视其抗震问题。

(4)近断层桥梁易遭到破坏

震害调查表明,在距断层5km范围内发生C、D级震害的桥梁占所有C、D级震害桥梁的80.5%。近断层地震动具有地震动的集中性、地表破裂和永久位移、大速度脉冲和上盘效应等特征。近断层地震动的集中性、上盘效应在众多桥梁的震害中均得到体现,地表破裂和永久位移则是映秀顺河桥全桥垮塌的直接原因。尽管近断层地震动能量巨大,但目前对其认识仍较为有限,对近断层地震动的收集、数值模拟、计算方法(主要是地震动输入)、作用机理均研究较少,还需进一步研究。

(5)严格按二水准设防的高墩经受了强震的考验

汶川地震极震区中,桥墩高度在30m以上的桥墩主要出现在都映高速公路中,这些桥梁均采用二水准设防。调查结果表明,所有高墩均未出现P_D级震害,实现了大震不倒的设防目标,经受了强震的考验。

(6)山区地形地质条件对桥梁影响较大

调查中发现,多座位于V形河谷或傍山线且覆土层较厚的桥梁,在地震中虽未出现严重的大型地质灾害,但覆土层局部的溜坍推动桥墩,使之倾斜,从而加剧了桥梁的破坏。如位于V形沟谷的蒙子沟中桥桥墩受覆土层推挤,向临空面倾斜;位于傍山线的新房子大桥右线

连续梁段桥墩因覆盖层滑动,带动桥墩横向倾斜。

3.1.7 简支梁桥的震损特点

在Ⅵ~Ⅶ度区所有958座简支梁桥中,出现B级破坏震损率为12.4%,C、D级破坏震损率合计为2.8%,C、D级震损率低。震害以主梁移位、支座及挡块破坏为主。具体震害特点如下:

(1)简支梁桥桥墩震损率低,震害以主梁移位、支座及挡块破坏为主

震害统计表明,在Ⅵ~Ⅶ度区,简支梁B、C、D级破坏的桥梁数量为146座,共769跨、603个桥墩。主梁出现移位的跨数达640跨,占总跨数的83.2%,其中出现主梁严重移位(B级)及落梁(D级)的比例合计为16.3%。出现震害桥墩共43个,占603个桥墩的7.1%,其中P_c、P_D级破坏比例合计为5.6%,上述数据表明,主梁移位、支座及挡块破坏是简支梁桥的主要震害形式,桥墩震损率低。此外,调查还表明,斜交桥直线桥在出现主梁纵、横向移位的过程中,通常伴随平面转动,且转动方向向锐角方向。

(2)橡胶支座具有一定的隔震性能,但限位功能较差

地震中Ⅶ~Ⅺ度区主梁总跨数为3298跨,主梁移位率为19.5%,支座震损率为16.6%,二者基本相同,可见支座破坏是导致主梁移位的主要原因。这是由于板式橡胶支座对主梁的约束主要依靠摩擦力,这一约束是有限的,此外,支座翻滚也可能导致主梁移位。

(3)圬工桥墩的震损率明显较钢筋混凝土桥墩要高

统计表明,在Ⅹ、Ⅺ度区钢筋混凝土排架墩P_D级破坏率为2.4%,圬工重力式桥墩P_D级破坏率则达17.6%,其中汉旺绝缘桥的重力式墩再次重复了唐山地震、台湾集集地震中重力式圬工墩全断面剪断的情况。

(4)上部结构整体性差的桥梁破坏更为严重

调查范围内有多座在建桥梁,其铰缝、桥面连续、伸缩缝等连梁措施施工并未完成。在这些未完工的桥梁中,庙子坪岷江大桥引桥、南坝大桥与映秀顺河桥均出现D级(完全失效)破坏,占遭受直接震害损毁简支梁桥总数的33.3%,在这两座桥梁中,34跨主梁中有23跨落梁,占落梁桥跨总数的41.0%。这表明对主梁的整体性对简支梁桥抗震性能有较大影响。这主要是由于铰缝的存在完全消除了主梁间相互碰撞的影响,桥面连续则起到了联梁装置的作用,不仅消除了各跨间的碰撞,还协调了各跨主梁的运动。

3.1.7.1 简支梁桥的抗震性能定性分析

调查区域内的简支梁桥大多为单跨跨径不超过50m的中、小跨径桥梁,其上部结构多为预应力混凝土空心板梁或预应力混凝土T梁,安装板式橡胶支座;下部结构多为双柱式排架墩。此类桥型目前在我国国省干线公路中也最为常见。

从汶川地震的破坏情况来看,此类桥梁表现出较好的抗震性能,出现严重影响桥梁承载力破坏或完全失效的比例仅为3.4%,除在建桥梁外,震区也并未出现大规模桥梁倾覆与"多米诺骨牌"式的大范围落梁的情况,这与灾区简支体系桥梁的结构形式有密切关系。

(1)板式橡胶支座具有良好的隔震性能

震区简支梁桥多采用的橡胶支座起到了一定隔震的作用,延长了结构自振周期,且支座破坏后,主梁与桥墩脱离,上部梁体的惯性力不再直接传给桥墩,从而保护了桥墩。桥墩的

破坏率(7.1%)远低于支座(16.6%)和挡块(16.8%)的破坏率,验证了板式橡胶支座的作用。虽然板式橡胶支座具有良好的隔震性能,但其限位功能较差,导致主梁在地震中极易发生梁体移位,故对于高烈度地区采用板式橡胶支座的桥梁,宜设置足够的搭接长度与良好的限位装置。

(2)斜交简支梁桥较正交简支梁桥更易发生严重破坏

在汶川地震中,根据对斜交桥梁与正交桥梁的总体震损率与主梁破坏率进行比较,不难看出,在地震烈度为Ⅷ~Ⅺ度区区域内,斜交桥梁的总体破坏率与主梁移位率均较简支梁桥要高。这是因为斜交桥梁因主梁的线密度分布不均,使得梁体易于发生平面转动,增加了边跨梁体的落梁风险。

(3)桥面连续提高了主梁的整体性

震区简支梁桥均采用桥面连续(非结构连续)将3~5跨主梁梁体在纵向连接为一联,增大了桥梁顺桥向的整体性,协调了一联之内主梁的运动,也有利于协调各墩的水平力分布,从而避免了"多米诺骨牌"式的大范围落梁现象的发生。同时,因为桥面连续的存在,使得单联多跨桥梁的中间跨也能受到桥台较好的约束,使其落梁风险降低。

(4)双柱式排架墩具有更好的横向稳定性

震区桥梁多采用双柱式或多柱式排架墩,桥墩的横向抗弯刚度较独柱墩要大得多,能够抵御更大的横向地震力作用;同时,采用双柱式排架墩的桥梁在梁体产生横向移位后,因重力偏心所产生的墩底弯矩远小于较独柱墩,从而具有更好的横向稳定性,从而避免了大范围桥墩倾覆的发生。

(5)钢筋混凝土挡块大大减小了横向落梁风险

根据震害调查结果,部分高烈度区域未设置横向挡块或仅设置圬工挡块的桥梁,如国道213线中的古溪沟中桥,主梁的横桥向移位量较同烈度区域内,设置钢筋混凝土挡块的桥梁要大得多,可以看出钢筋混凝土挡块起到良好的限位作用,大大减小了横桥向落梁的风险。但对于部分近断层桥梁,如省道302线中的渝江河大桥,因为主梁的启动速率过大,导致主梁与挡块撞击时产生极大的冲击力,导致盖梁出现严重的剪切破坏现象。

3.1.7.2 简支梁桥的震害特点启示

综合简支梁桥的震害特点,启示如下:①板式橡胶支座的减隔震作用有效地保护了桥墩,但也暴露了对主梁约束能力差的缺点,应改进支座与墩、梁的连接或辅以一定的主梁限位措施。②简支梁桥上部结构的整体性对协调各跨位移、减小或防止墩、梁碰撞有重要作用,是重要的抗震构造措施,现有的主梁纵、横向连接构造满足抗震要求。③桥墩挡块较好地发挥了约束主梁横向移位,减少落梁风险地功能,是重要抗震构件。④斜交桥的地震响应有其自身特点,抗震构造措施应与正交桥区别对待。⑤在地震高烈度区应慎重使用重力式圬工墩。

3.1.8 连续梁桥的震损特点

(1)连续梁桥上部结构震害以主梁移位为主,固定墩震害较一般墩严重

90座连续梁桥共185联,25座出现了B级以上破坏(共47联),其中39联出现了主梁移位,其中23.4%的主梁为C、D级移位。固定墩的震害情况明显较一般桥墩严重,百花大

桥 5 个固定墩全部垮塌或失效,都江堰岷江大桥 4 个固定墩严重受损。究其原因,连续梁主梁的顺桥向惯性力主要由固定支座(或固定墩)承受,在主梁惯性力作用下,要么因固定支座破坏导致主梁移位,要么导致固定墩震害。

此外,值得注意的是,连续梁的震损率较简支梁桥要高,调查表明,简支梁桥 C、D 级破坏震损率合计为 3.4%,而连续梁桥则达 5.6%,高于简支梁。进一步分析桥墩震损率还可以看出,连续梁桥的桥墩震损率 6.6%,均较简支梁的桥 1.9%(桥墩总数 2314 个)明显要高。

(2)曲线桥的主梁移位率较直线桥高,墩梁固接的固定墩破坏相对严重

统计表明,104 联直线连续梁均未出现 B_C、B_D 级移位,而 81 联曲线连续梁桥则有 10 联出现了 B_C 级破坏、并有 1 联垮塌,合计占曲线连续梁桥的 13.5%。值得指出的是,曲线连续梁桥的主梁移位往往向曲线外侧,并伴有转动,对于采用独柱墩的曲线桥梁将导致扭矩重分布,危害较采用排架或墙式墩的直线连续梁桥大。同时,相对于直线桥,曲线桥受到的桥台约束较小,也是导致其主梁移位率高的一个重要原因。同时,采用墩、梁固接的绵竹回澜立交桥匝道桥,4 个固结墩压溃;小黄沟中桥的固结墩也倾斜开裂;百花大桥中,虽然 79% 桥墩均出现较为严重的震损表现,但该桥在一联内,固定墩的破坏严重程度较一般墩要高得多。

3.1.8.1 连续梁桥的抗震性能定性分析

连续梁的震损率较简支梁桥要高,调查表明,简支梁桥 C、D 级破坏震损率合计为 3.4%,而连续梁桥则达 5.6%,高于简支梁。进一步分析桥墩震损率还可以看出,连续梁桥的桥墩震损率 6.6%,均较简支梁的桥 1.9%(桥墩总数 2314 个)明显要高。

3.1.8.2 连续梁桥的震害特点启示

综合连续梁桥的震害特点,启示如下:①连续梁桥支座布置或固定墩的设置对其抗震性能有较大影响,在高烈度区采用连续梁时,应采取适当措施使各墩的水平地震力分配相对均匀。②曲线连续梁桥的地震响应有其自身的特点,在计算方法、设防措施、构造要求方面均应进行专门研究。③在高烈度区应慎重采用固定墩、梁固接的形式。

3.1.9 拱桥的震损特点及启示

(1)圬工拱桥的震损率明显高于钢筋混凝土拱桥

汶川地震中Ⅸ~Ⅺ区圬工拱桥的 D 级震损率为 5.2%;而钢筋混凝土拱桥中出现仅采用重力式圬工墩的井田坝大桥因桥墩破坏而全桥垮塌,可以看出圬工拱桥的抗震性能要差于钢筋混凝土拱桥。这主要是由于圬工材料抗拉强度低,延性较差,一旦开裂较易形成通缝导致结构严重受损甚至失效。而对于钢筋混凝土肋拱桥(井田坝大桥),虽然其主拱为钢筋混凝土结构,但其桥墩则采用圬工重力式墩,且墩高较高,在地震中该桥因墩底弯曲破坏而发生全桥垮塌。

(2)圬工拱桥在地震中表现出一定的极端性

圬工拱桥在地震中的表现出一定的极端性,要么基本完好,要么震害严重甚至失效。一方面,Ⅶ~Ⅺ区圬工拱桥出现 C、D 级震害的比例较高;另一方面,轻微或无震害的比例也达

63.9%。例如,S105 线北川至青川段所有跨度 40m 以上的圬工拱桥均出现 D 类震害,而映秀附近跨度 60m 的洱沟拱桥基本完好。

(3) 拱式腹拱的拱上建筑是拱桥的易损部位

拱式腹拱是上承式拱桥的易损部位。白水河大桥、曲河大桥等腹拱和拱上横墙均出现了开裂、变形等震害,尤其是与桥台相接的腹拱,因变形较大,极易受损,白水河大桥、曲河大桥与桥台相接的腹拱几近垮塌。此外,调查表明,横撑是中承式拱桥的易损构件。调查区域内仅 2 座中承式拱桥,2 座拱桥的横撑均出现了较为严重的开裂现象。

综合拱桥的震害特点,震害启示有:①在高烈度地区应慎重使用圬工拱桥,并注意桥位地基条件。②拱式腹拱是地震中的易损结构,圬工腹拱应慎重使用。③中承式拱桥的横向连接系设计,应考虑抗震的需要。

3.1.10 连续刚构桥震害特点及启示

调查区域内连续刚构共 3 座桥,只有位于实际烈度为 X 度区的庙子坪岷江大桥主桥发生破坏,但该桥的震害现象非常丰富,涉及桥墩震害、主梁震害、支座震害,基本包含了连续刚构可能出现的震害现象。

(1) 连续刚构桥主梁在地震中,部分节段梁体开裂

在地震作用下,连续梁桥主梁开裂严重,开裂位置集中在主梁腹板、跨中底板与边跨主梁端部。这是因为在连续钢构桥的设计中,未能充分考虑到地震作用下主梁应力分布问题,截面设计和预应力设计不能适应地震作用下交变内力的需要,主墩处对梁体的约束过强,导致连续刚构主梁局部区段应力过大,是主梁出现开裂等结构性震害的主要原因。

(2) 主桥边跨梁体与交界墩发生明显的横向移位与竖向拍击作用

震害调查结果显示,主桥边跨主梁与交界墩在地震中出现严重的横向移位竖向拍击现象,导致交界墩处梁体与桥墩间发生较大的墩梁相对位移,同时交界墩盖梁破坏严重。连续刚构桥横向刚度小,主墩和过渡墩对主梁的约束情况相差较大,是导致主梁出现"摆尾"的主要因素;同时,紫坪铺大坝上所采得的地震动记录表明,桥址区域附近竖向地震动峰值加速度大于 1000gal,极大的竖向地震动是导致主梁出现"拍击"现象的重要原因。

(3) 深水高桥墩在强震作用下开裂,且修复难度巨大

庙子坪岷江大桥主墩、过渡墩墩高均超过 65m,在地震时其淹没深度均超过 25m,其中 5 号主墩水下部分出现了水平贯穿裂缝,3 号交界墩墩底出现多条裂缝。此外,引桥中 7 号 ~ 11 号桥墩也出现了水下裂缝,震后修复代价巨大。庙子坪岷江大桥的震害实例为深水桥梁的抗震问题敲响了警钟。

综合考虑连续刚构桥的震害特点,启示如下:①在连续刚构桥主梁截面与预应力筋布置设计中,除考虑静力作用外,还要充分考虑其在地震力作用下的内应力分布;②在连续刚构桥边跨与交界墩之间,宜设置相应的限位、缓冲装置;③对于深水桥墩的设计,宜引入能力保护的设计理念,将地震易损部位设置在水面以上,以便于在震后修复。

3.1.11 抗震构造措施

震害调查也发现了一些构造细节的不足之处:

(1) 鉴于在地震中出现了多个桥墩顶、底部及横系梁节点因箍筋配置不足导致纵筋屈服、混凝土压溃等现象。建议在以后的桥梁设计中,严格按照《公路桥梁抗震设计细则》(JTG/T 2231-01—2020)对潜在塑性铰区进行设计。

(2) 庙子坪岷江大桥引桥落梁表明,高墩大跨简支 T 梁的搁置长度有其特殊性,应加强研究。

(3) 挡块是重要的抗震构件,应采用既能减缓墩、梁撞击,又能有效限制主梁位移的挡块构造。如在挡块与主梁间增设缓冲装置,或采用具有耗能功能的弹塑性挡块。

(4) 对于多联简支梁桥,在伸缩缝处设置纵向防落梁装置。

(5) 在高烈度区采用连续梁时,应采取适当措施如 Lock-up 等减震装置,使各墩的水平地震力分配相对均匀。

3.2 汶川地震桥梁经验型易损性曲线

3.2.1 全体桥梁样本

为方便计算,将各桥梁样本损伤状态转化为损伤状态矩阵,取值为 0 表示对应损伤状态未发生。由前述计算得到各桥梁样本桥址处 PGA 数值和桥梁损伤状态,基于第一种方法采用极大似然法各自独立地估计得到"轻微破坏""中等破坏""严重破坏""完全损毁"损伤状态对应均值和对数标准差,如表 3-23 所示,四种损伤状态对应的易损性曲线如图 3-22 所示。基于第二种方法同样采用极大似然法同步计算得到"轻微破坏""中等破坏""严重破坏""完全损毁"损伤状态对应的四个均值和一个标准差,如表 3-23 所示,四种损伤状态对应的易损性曲线如图 3-23 所示。

全体桥梁样本不同损伤状态易损性曲线均值和标准差　　　　表 3-23

方　　法		轻微破坏	中等破坏	严重破坏	完全损毁
方法一	均值	0.354	0.4848	0.9114	1.1433
	对数标准差	0.6264	0.9547	0.5405	0.3875
方法二	均值	0.3485	0.5217	0.9477	1.4980
	对数标准差	0.6482			

从上述的经验型易损性曲线可以看出,对于桥梁整体,当 PGA 在 $0 \sim 0.1g$ 之间时,就可能发生轻微破坏和中度破坏,当 PGA 在 $0.2 \sim 0.3g$ 之间时,开始发生严重破坏,并且当 PGA 达到 $1g$ 时有近一半的桥梁会发生严重破坏,PGA 在 $0.4g \sim 0.5g$ 之间时,部分桥梁开始出现完全损毁。根据此易损性曲线,可以判定桥梁并不是一种抗震性能很强的工程建筑物。

3.2.2 分类样本

上述桥梁地震易损性分析是基于全体桥梁样本进行的,这里基于一个假设:地震后对所有桥梁样本的检查结果在统计意义上均一,这种假设在一定程度上过于简化。这里有必要对桥梁样本进行进一步的分类,对于分类后的各个桥梁样本子集,能够更好地满足上述假设。

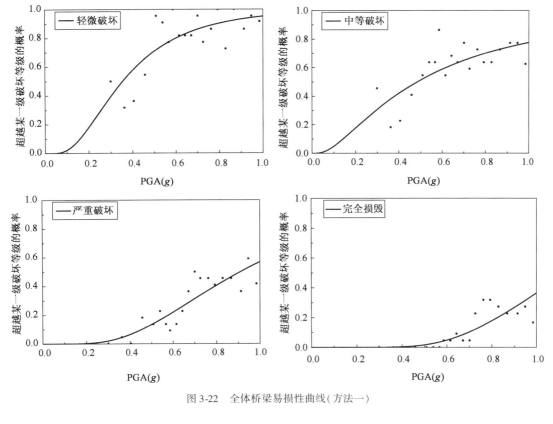

图 3-22 全体桥梁易损性曲线(方法一)

图 3-23 全体桥梁易损性曲线(方法二)

本书对汶川地震全体桥梁样本依据"桥梁类型"和"桥梁线性"两种桥梁属性进行分类,再分别针对分类后的桥梁样本建立各自独立的地震易损性曲线,同样采用前述两种方法进行分析。桥梁分类中"桥梁类型"包含简支梁桥、连续梁桥、钢筋混凝土拱桥及圬工拱桥四种,"桥梁线形"包括直线桥、斜交桥及曲线桥三种。

3.2.2.1 按桥梁类型分类

四种"桥梁类型"分类子集对应的易损性函数均值和对数标准差如表 3-24 和表 3-25 所示,地震易损性曲线如图 3-24~图 3-31 所示。

分类样本桥梁不同损伤状态易损性曲线均值和标准差(方法一)　　表 3-24

方　法　一		轻 微 破 坏	中 等 破 坏	严 重 破 坏	完 全 损 毁
简支梁桥	均值	0.3911	0.4966	0.8901	1.0309
	对数标准差	0.4907	0.9012	0.3933	0.3498
连续梁桥	均值	0.3548	0.5332	0.9611	1.7165
	对数标准差	0.0358	0.102	1.0000	1.0000
钢筋混凝土拱桥	均值	0.2024	0.3682	0.9067	1.4682
	对数标准差	1.0000	1.0000	1.0000	0.4624
圬工拱桥	均值	0.3680	0.6121	0.8731	1.3038
	对数标准差	0.7987	0.6643	0.5463	0.3239

分类样本桥梁不同损伤状态易损性曲线均值和标准差(方法二)　　表 3-25

方　法　二		轻 微 破 坏	中 等 破 坏	严 重 破 坏	完 全 损 毁
简支梁桥	均值	0.3780	0.5346	0.9502	1.2141
	对数标准差	0.6482			
连续梁桥	均值	0.0436	0.4304	0.8407	1.1010
	对数标准差	0.5445			
钢筋混凝土拱桥	均值	0.2088	0.3709	0.8909	3.1654
	对数标准差	0.4842			
圬工拱桥	均值	0.4068	0.6086	0.8986	2.1066
	对数标准差	1.0000			

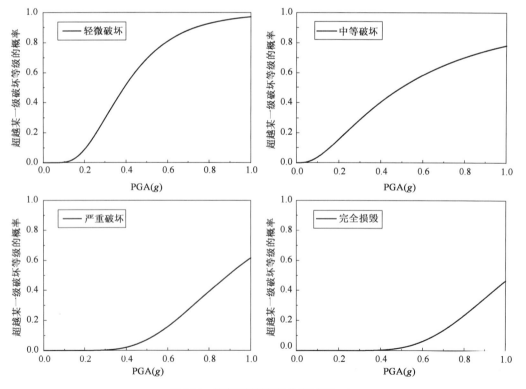

图 3-24　简支梁桥易损性曲线(方法一)

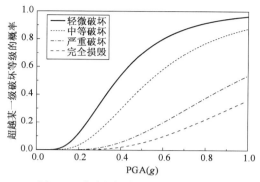

图 3-25　简支梁桥易损性曲线(方法二)

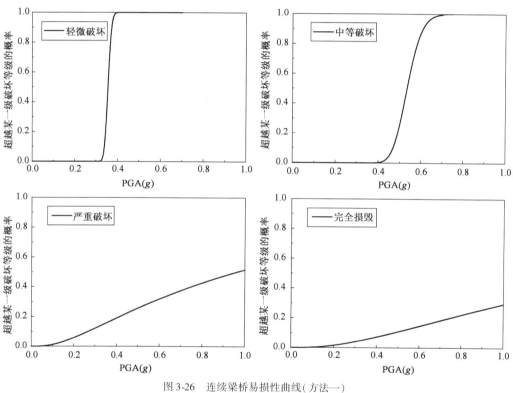

图 3-26　连续梁桥易损性曲线(方法一)

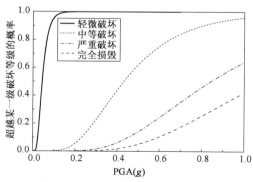

图 3-27　连续梁桥易损性曲线(方法二)

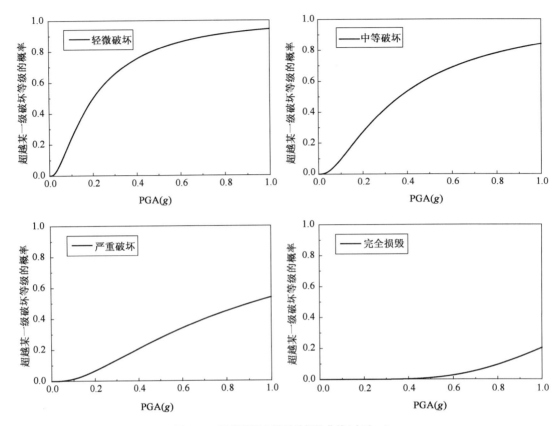

图 3-28 钢筋混凝土拱桥易损性曲线(方法一)

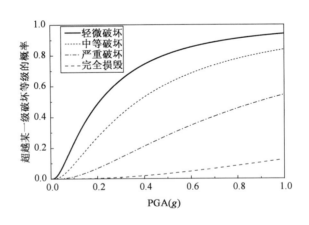

图 3-29 钢筋混凝土拱桥易损性曲线(方法二)

从以上的易损性曲线可以看出,简支梁桥、连续梁桥、钢筋混凝土拱桥、圬工拱桥四种类型的桥梁中,连续梁桥的抗震性能最差,在 PGA 约为 $0.4g$ 时全部连续梁桥即已经出现轻微破坏,当 PGA 约为 $0.7g$ 时,全部连续梁桥均已出现中度破坏。另外三种类型的桥梁具有相近的抗震能力。

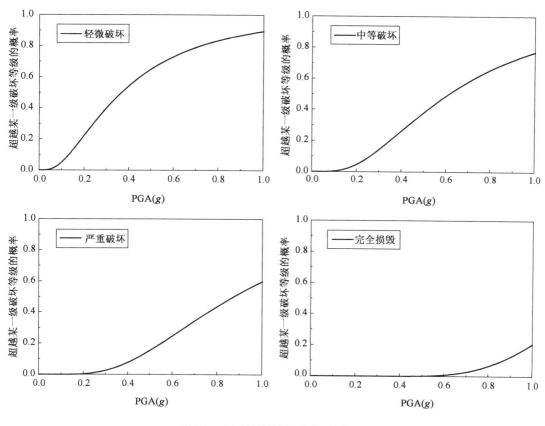

图 3-30 圬工拱桥易损性曲线(方法一)

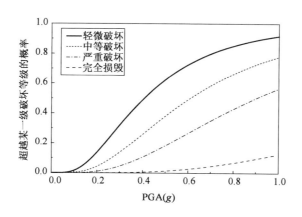

图 3-31 圬工拱桥易损性曲线(方法二)

3.2.2.2 按桥梁线性分类

三种"桥梁线形"分类子集对应的易损性函数均值和对数标准差如表 3-26 和表 3-27 所示,地震易损性曲线如图 3-32~图 3-37 所示。

分类样本桥梁不同损伤状态易损性曲线均值和标准差（方法一）　　表 3-26

方　法　一		轻微破坏	中等破坏	严重破坏	完全损毁
直线桥	均值	0.4051	0.5494	0.9054	1.1217
	对数标准差	0.571	0.8594	0.5535	0.3653
斜交桥	均值	0.1689	0.328	0.8313	1.0468
	对数标准差	1.000	1.000	0.3524	0.3462
曲线桥	均值	0.2564	0.5454	1.1749	1.8938
	对数标准差	0.1011	0.2945	1.000	0.7534

分类样本桥梁不同损伤状态易损性曲线均值和标准差（方法二）　　表 3-27

方　法　二		轻微破坏	中等破坏	严重破坏	完全损毁
直线桥	均值	0.3944	0.5701	0.9161	1.4258
	对数标准差	0.6146			
斜交桥	均值	0.2455	0.4000	1.1056	1.7324
	对数标准差	0.7309			
曲线桥	均值	0.0281	0.4699	0.9650	1.5197
	对数标准差	0.5878			

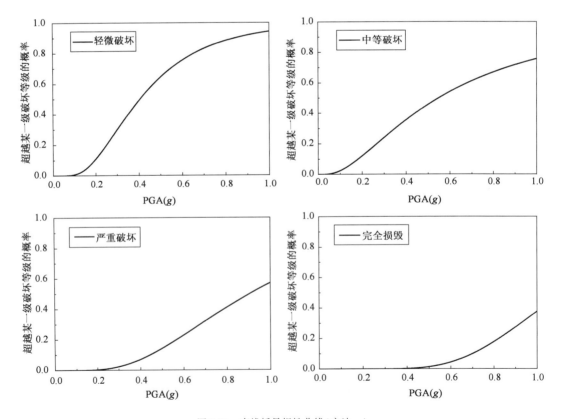

图 3-32　直线桥易损性曲线（方法一）

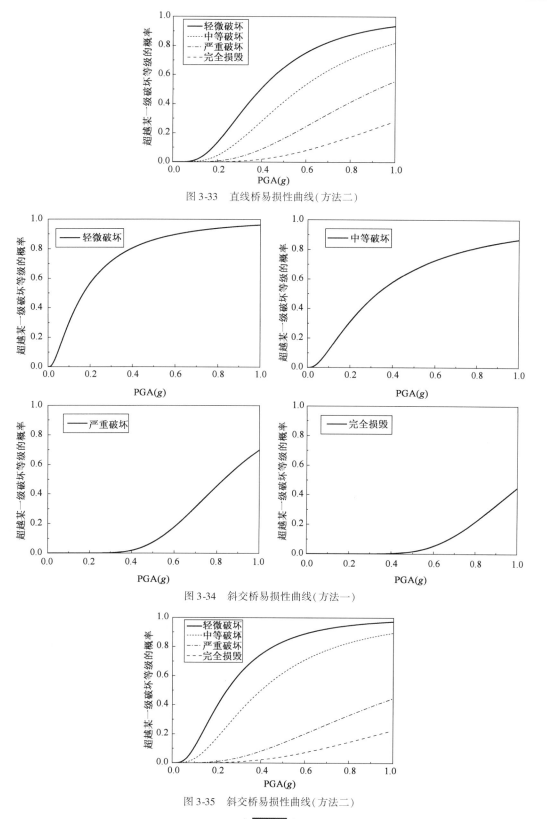

图 3-33　直线桥易损性曲线(方法二)

图 3-34　斜交桥易损性曲线(方法一)

图 3-35　斜交桥易损性曲线(方法二)

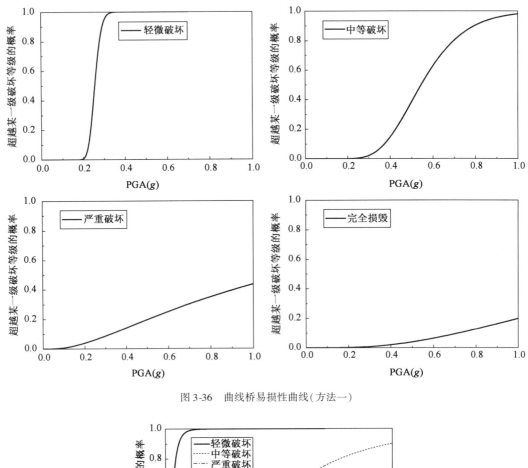

图 3-36　曲线桥易损性曲线(方法一)

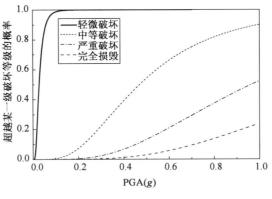

图 3-37　曲线桥易损性曲线(方法二)

从图 3-32～图 3-37 可以发现:对于直线桥,当 PGA 达到 0.1g 时,直线桥随即出现轻微破坏和中度破坏,当 PGA 约为 0.2g 时,直线桥开始出现严重破坏,当 PGA 约为 0.4g 时,直线桥开始出现完全损毁的情况;对于斜交桥,当 PGA 达到 0.1g 时,斜交桥即刻出现轻微破坏和中度破坏,当 PGA 约为 0.3g 时,斜交桥开始出现严重破坏,当 PGA 约为 0.4g 时,斜交桥开始出现完全损毁的情况;对于曲线桥,当 PGA 约为 0.2g 时,即出现轻微破坏,并且当 PGA 约为 0.3g 时,全部曲线桥均已发生轻微破坏,且曲线桥开始出现严重破坏和完全损毁破坏。综上可知,三种线性的桥梁中,曲线桥的抗震性能最差,直线桥和斜交桥具有相似的抗震性能。

3.3 汶川地震桥梁破坏概率矩阵法易损性曲线

矩阵法易损性研究是指通过建立工点破坏比与 PGA 值的数值矩阵,通过回归分析得到震害工点在相应各个破坏等级下的易损性曲线。

现场调查时采用 GPS 设备对震害工点的位置坐标进行了统计,采用 Zhao 模型计算出工点坐标的地表峰值加速度(PGA),并与该工点的震害等级对应,由此得到破坏工点所在位置处的 PGA 和相应震害等级。破坏概率矩阵法就是在此基础之上,按一定的要求将工点分成若干组,计算出每组中 PGA 的均值和各个破坏等级下的破坏概率,以此形成各组 PGA 与破坏概率的矩阵,最后采用回归分析方法得到易损性曲线。在调查得到桥梁的损失比矩阵之后,在今后类似的地震发生时就可以快速地估计得到地震灾区公路系统中桥梁的震害损失。

本书共调查了 47 条高速公路和国省干线公路及县乡道路。调查高速公路、国道、省道桥梁 2154 座、县乡道路桥梁 51 座,此外,为全面反映桥梁的震害情况,还调查了市政桥梁 2 座,共计调查桥梁 2207 座,得到有详细震害资料的桥梁 443 座,分析这 443 座桥梁的震害调查资料,可以初步建立起汶川地震桥梁破坏概率矩阵法易损性曲线,具体的建立方法如下:

(1)首先建立 443 个工点的 PGA 值与震害等级的一一对应关系,PGA 的计算按照第 2 章介绍的方法执行。

(2)将 443 个工点按一定的要求分组(PGA 为 0.2~0.3、0.3~0.4、0.4~0.5、0.5~0.6、0.6~0.7、0.7~0.8、0.8~0.9、0.9~1.0、>1.0 各为一组),共分为 9 组,统计每一组内的发生每一级破坏状态的概率以及每一组的 PGA 均值,建立起每一组 PGA 均值和本组内各级破坏状态的对应关系。

(3)通过回归分析得到汶川地震中桥梁在不同的 PGA 值时不同破坏等级的易损性曲线。

3.3.1 桥梁整体破坏概率矩阵法易损性曲线

桥梁共有详细调查工点 443 个,经调查发现,桥梁样本发生了四种的破坏状态。将桥梁按照上述的分组方法,共分为 9 组,统计得到每一组的 PGA 均值和每一组内发生各种破坏状态的概率,如表 3-28 所示。

桥梁全体样本震害矩阵　　　　　表 3-28

		损伤状态	A0	A	B	C	D
全体(443 座)	PGA 均值(g)	0.25	94%	4%	2%	0%	0%
		0.35	86%	6%	6%	2%	0%
		0.45	82%	6%	8%	4%	0%
		0.55	78%	6%	8%	8%	6%
		0.65	72%	8%	10%	10%	8%
		0.75	60%	8%	16%	16%	12%
		0.85	54%	10%	18%	18%	14%
		0.95	50%	10%	20%	20%	16%
		1	46%	12%	23%	19%	19%

根据表 3-28 的数据,线性回归得到桥梁全体样本的各个震害状态的易损性曲线如下。

为了检验易损性曲线的相关性,反映变量之间相关关系密切程度,计算曲线相关系数 R^2(表3-29)。相关系数是按积差方法计算,以两变量与各自平均值的离差为基础,通过两个离差相乘来反映两变量之间相关程度。一般可按三级划分:$|R^2|<0.4$ 为低度线性相关;$0.4 \leqslant |R^2| < 0.7$ 为显著性相关;$0.7 \leqslant |R^2| < 1$ 为高度线性相关。根据计算的相关系数发现,由于桥梁的调查数据丰富,因此作出的易损性曲线的相关性较高,具有较高的拟合度,能较准确地反映真实的震害情况。

桥梁全体样本易损性曲线相关系数值(R^2)　　　　表 3-29

震害等级	基本完好	A 级震害	B 级震害	C 级震害	D 级震害
R^2	0.9724	0.1256	0.1662	0.5899	0.8823

对易损性曲线进行相关性分析,如图 3-38、图 3-39 所示,从计算得到相关系数的平方值(R^2)的结果来看,桥梁全体样本 A0(基本完好)、C、D 破坏等级的易损性曲线相关性较好。

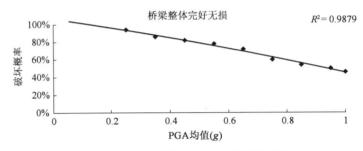

图 3-38　桥梁全体样本基本完好易损性曲线

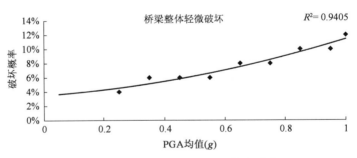

图 3-39　桥梁全体样本轻微破坏易损性曲线

3.3.2　桥梁分类破坏概率矩阵法易损性曲线

为建立更加详尽的汶川地震桥梁破坏概率矩阵法易损性模型,将桥梁按照不同的分类方法,按照桥梁类型分为简支梁桥、连续梁桥、钢筋混凝土拱桥和圬工拱桥;按照桥梁线性分为直线桥、斜线桥和曲线桥。以下将分类建立各类型桥梁的破坏概率矩阵法易损性模型。

3.3.2.1　按桥梁类型分类

(1)简支梁桥

对易损性曲线进行相关性分析,如图 3-40 ~ 图 3-42 所示,从计算得到相关系数的平方值(R^2)的结果来看,简支梁桥各破坏等级除 B 级震害以外的易损性曲线相关性较好。如表 3-30、表 3-31 所示。

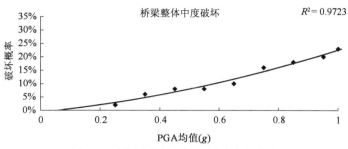

图 3-40　桥梁全体样本中度破坏易损性曲线

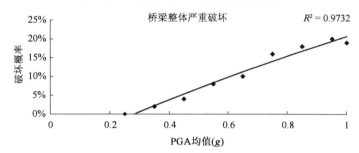

图 3-41　桥梁全体样本严重破坏易损性曲线

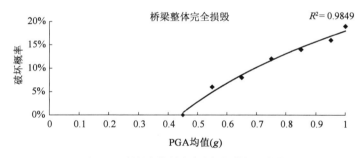

图 3-42　桥梁全体样本完全损毁易损性曲线

简支梁桥全体样本震害矩阵　　　　　　　　　　　　表 3-30

	损伤状态		A0	A	B	C	D
简支梁桥(279 座)	PGA 均值(g)	0.25	100%	0%	0%	0%	0%
		0.35	71%	6%	24%	0%	0%
		0.45	35%	16%	45%	3%	0%
		0.55	10%	23%	57%	10%	0%
		0.65	16%	14%	43%	16%	11%
		0.75	12%	21%	21%	7%	38%
		0.85	12%	27%	27%	12%	23%
		0.95	7%	25%	18%	18%	32%
		1.0	0%	0%	0%	100%	0%

简支梁桥易损性曲线相关系数值(R^2) 表3-31

震害等级	基本完好	A级震害	B级震害	C级震害	D级震害
R^2	0.865	0.8407	0.0654	0.7425	0.7462

根据上表的数据，线性回归得到桥梁简支梁桥的各个震害状态的易损性曲线，如图3-43~图3-47所示。

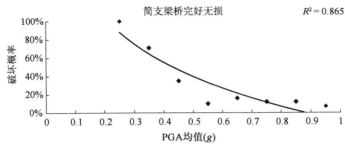

图3-43 简支梁桥基本完好易损性曲线

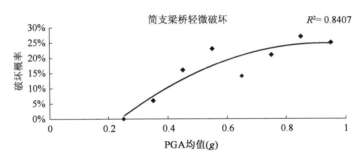

图3-44 简支梁桥轻微破坏易损性曲线

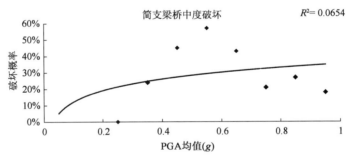

图3-45 简支梁桥中度破坏易损性曲线

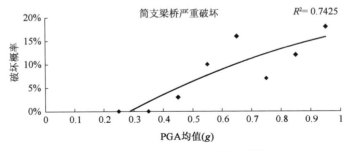

图3-46 简支梁桥严重破坏易损性曲线

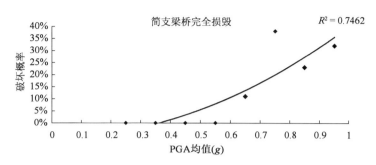

图 3-47　简支梁桥完全损毁易损性曲线

（2）连续梁桥

由于连续梁桥样本只有 16 个，在统计上难以得到与统计点拟合得比较理想的易损性曲线，得到的易损性曲线的参考价值不大，因此，本书中不生成连续梁桥的概率矩阵法易损性曲线。

（3）钢筋混凝土拱桥

对易损性曲线进行相关性分析，从计算得到相关系数的平方值（R^2）的结果来看，简支梁桥各级震害的易损性曲线都具有比较好的相关性。如表 3-32、表 3-33 所示。

钢筋混凝土拱桥全体样本震害矩阵　　　　表 3-32

	损伤状态	A0	A	B	C	D
钢筋混凝土拱桥（55 座）	0.25	66%	7%	17%	10%	3%
	0.35	46%	10%	20%	17%	7%
	0.45	33%	13%	33%	33%	0%
	0.55	33%	0%	30%	37%	0%
	PGA 均值（g）　0.65	0%	17%	50%	33%	0%
	0.75	17%	23%	27%	25%	8%
	0.85	11%	16%	33%	22%	17%
	0.95	0%	20%	47%	33%	0%
	1.0	NA	NA	NA	NA	NA

注：NA 表示无数据。

简支梁桥易损性曲线相关系数值（R^2）　　　　表 3-33

震害等级	基本完好	A 级震害	B 级震害	C 级震害	D 级震害
R^2	0.8831	0.4410	0.5205	0.3612	0.6853

根据上表的数据，经过线性回归得到桥梁钢筋混凝土拱桥梁桥的各个震害状态的易损性曲线，如图 3-48 ~ 图 3-52 所示。

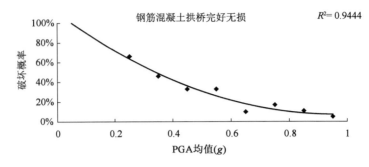

图 3-48　钢筋混凝土拱桥基本完好易损性曲线

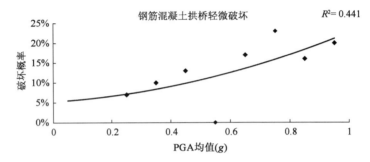

图 3-49　钢筋混凝土拱桥轻微破坏易损性曲线

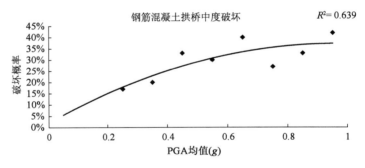

图 3-50　钢筋混凝土拱桥中度破坏易损性曲线

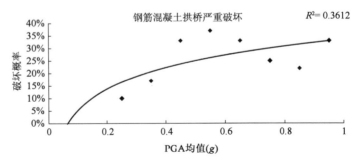

图 3-51　钢筋混凝土拱桥严重破坏易损性曲线

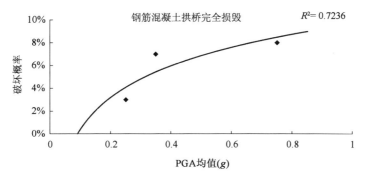

图 3-52　钢筋混凝土拱桥完全损毁易损性曲线

(4) 圬工拱桥

对易损性曲线进行相关性分析，从计算得到相关系数的平方值 (R^2) 的结果来看，由于数据离散型较大，圬工拱桥只有基本完好和 C 级破坏的易损性曲线具有较好的相关性。如表 3-34、表 3-35 所示。

圬工拱桥全体样本震害矩阵　　表 3-34

	损伤状态		A0	A	B	C	D
圬工拱桥(93 座)	PGA 均值(g)	0.25	90%	10%	0%	0%	0%
		0.35	80%	0%	20%	0%	0%
		0.45	75%	0%	25%	0%	0%
		0.55	8%	33%	33%	25%	0%
		0.65	23%	27%	23%	27%	0%
		0.75	11%	22%	17%	44%	6%
		0.85	17%	8%	17%	33%	25%
		0.95	10%	22%	25%	43%	0%
		1.0	0%	0%	0%	50%	50%

圬工拱桥易损性曲线相关系数值 (R^2)　　表 3-35

震害等级	基本完好	A 级震害	B 级震害	C 级震害	D 级震害
R^2	0.8385	0.2167	0.2602	0.8276	0.2009

根据上表的数据，经过线性回归得到圬工拱桥梁桥的各个震害状态的易损性曲线，如图 3-53 ~ 图 3-57 所示。

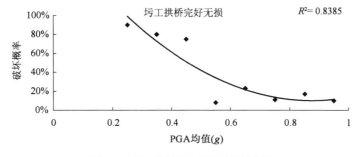

图 3-53　圬工拱桥基本完好易损性曲线

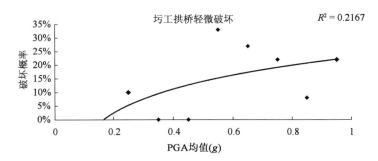

图 3-54　圬工拱桥轻微破坏易损性曲线

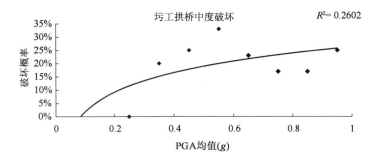

图 3-55　圬工拱桥中度易损性曲线

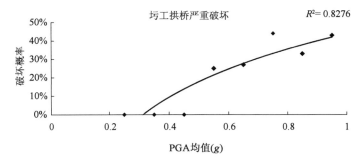

图 3-56　圬工拱桥严重破坏易损性曲线

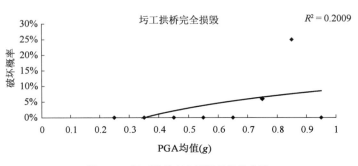

图 3-57　圬工拱桥完全损毁易损性曲线

3.3.2.2 按照桥梁线性分类

(1) 直线桥

对易损性曲线进行相关性分析,从计算得到相关系数的平方值(R^2)的结果来看,直线桥各破坏等级的易损性曲线相关性较好。如表 3-36、表 3-37 所示。

直线桥全体样本震害矩阵　　　　　　表 3-36

	损伤状态		A0	A	B	C	D
直线桥(331座)	PGA 均值(g)	0.25	77%	17%	7%	0%	0%
		0.35	68%	11%	18%	3%	0%
		0.45	64%	14%	13%	8%	0%
		0.55	38%	21%	15%	25%	0%
		0.65	39%	19%	16%	25%	2%
		0.75	12%	23%	17%	21%	27%
		0.85	10%	21%	23%	23%	23%
		0.95	1%	23%	25%	29%	23%
		1.0	0%	0%	0%	50%	50%

直线桥易损性曲线相关系数值(R^2)　　　　　　表 3-37

震害等级	基本完好	A 级震害	B 级震害	C 级震害	D 级震害
R^2	0.9525	0.5655	0.6923	0.8608	0.7525

根据上表的数据,经过线性回归得到直线桥的各个震害状态的易损性曲线,如图 3-58 ~ 图 3-62 所示。

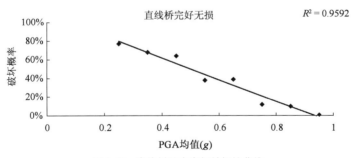

图 3-58　直线桥基本完好易损性曲线

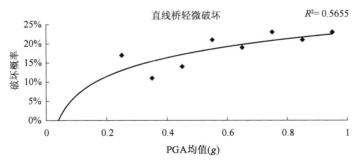

图 3-59　直线桥轻微破坏易损性曲线

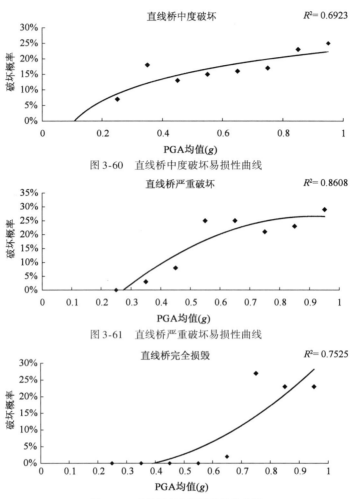

图 3-60 直线桥中度破坏易损性曲线

图 3-61 直线桥严重破坏易损性曲线

图 3-62 直线桥完全损毁易损性曲线

（2）斜交桥

对易损性曲线进行相关性分析，从计算得到相关系数的平方值（R^2）的结果来看，斜交桥除 A、C 级破坏外的各破坏等级的易损性曲线相关性较好。如表 3-38、表 3-39 所示。

斜交桥全体样本震害矩阵　　　　　表 3-38

	损伤状态		A0	A	B	C	D
斜交桥（82 座）	PGA 均值（g）	0.25	100%	0%	0%	0%	0%
		0.35	69%	10%	1%	10%	10%
		0.45	54%	14%	17%	14%	0%
		0.55	33%	24%	28%	16%	0%
		0.65	12%	12%	35%	24%	18%
		0.75	20%	30%	20%	10%	20%
		0.85	33%	0%	33%	0%	33%
		0.95	0%	20%	38%	22%	20%
		1.0	NA	NA	NA	NA	NA

注：NA 表示无数据。

斜交桥易损性曲线相关系数值(R^2)　　　　　表 3-39

震害等级	基本完好	A 级震害	B 级震害	C 级震害	D 级震害
R^2	0.8819	0.1810	0.8197	0.1622	0.6422

根据上表的数据,经过线性回归得到斜交桥的各个震害状态的易损性曲线,如图 3-63 ~ 图 3-67 所示。

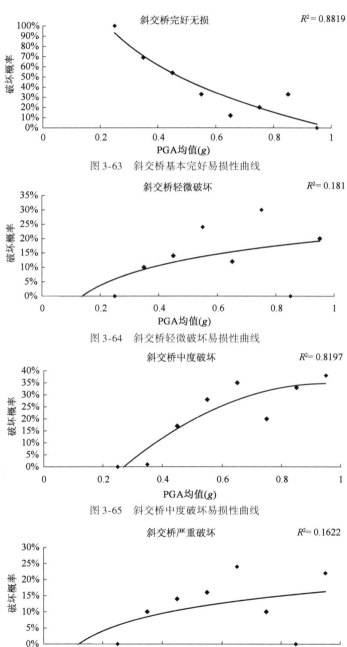

图 3-63　斜交桥基本完好易损性曲线

图 3-64　斜交桥轻微破坏易损性曲线

图 3-65　斜交桥中度破坏易损性曲线

图 3-66　斜交桥严重破坏易损性曲线

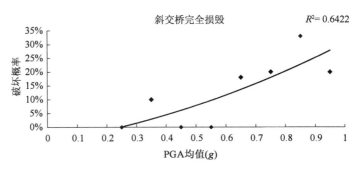

图 3-67 斜交桥完全损毁易损性曲线

(3) 曲线桥

对易损性曲线进行相关性分析,从计算得到相关系数的平方值(R^2)的结果来看,曲线桥除 B 级破坏外的各破坏等级的易损性曲线相关性较好。如表 3-40、表 3-41 所示。

曲线桥全体样本震害矩阵　　　　　　　　　　　　　　　　表 3-40

	损伤状态	A0	A	B	C	D
曲线桥(30 座)	PGA 均值(g)					
	0.25	NA	NA	NA	NA	NA
	0.35	NA	NA	NA	NA	NA
	0.45	0%	100%	0%	0%	0%
	0.55	0%	44%	31%	18%	9%
	0.65	0%	40%	50%	0%	10%
	0.75	0%	10%	73%	17%	0%
	0.85	0%	25%	25%	25%	25%
	0.95	0%	0%	33%	33%	33%
	1.0	0%	0%	50%	50%	0%

注:NA 表示无数据。

曲线桥易损性曲线相关系数值(R^2)　　　　　　　　　　表 3-41

震害等级	A 级震害	B 级震害	C 级震害	D 级震害
R^2	0.8867	0.2038	0.6267	0.5916

根据上表的数据,经过线性回归得到曲线桥的各个震害状态的易损性曲线,如图 3-68 ~ 图 3-71 所示。

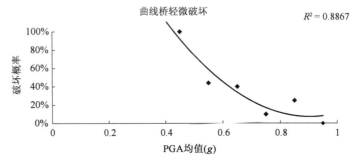

图 3-68 曲线桥轻微破坏易损性曲线

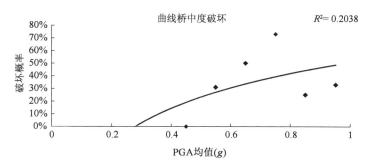

图 3-69　曲线桥中度破坏易损性曲线

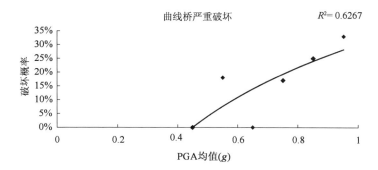

图 3-70　曲线桥严重破坏易损性曲线

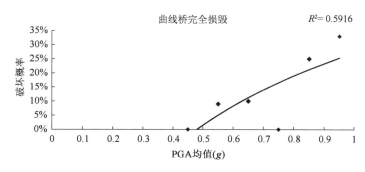

图 3-71　曲线桥完全损毁易损性曲线

3.4　本章小结

本章对汶川地震灾区的桥梁震害进行了详细的调查和统计分析，并基于调查数据建立了汶川地震桥梁的两种易损性模型。从震害调查统计结果看，在地震实际烈度为Ⅵ度的746座桥梁中，有91.7%的桥梁未破坏或轻微破坏，未出现严重破坏的桥梁，基本满足了"小震不坏"的设防要求。在地震烈度为Ⅶ～Ⅺ度区域内，全桥失效的桥梁共计52座，占其总数的3.7%；出现严重破坏的桥梁共计67座，占其总数的4.8%。出现影响桥梁通行能力的震害（即严重破坏与完全失效）的桥梁合计的桥梁数量共计119座，占其总数的8.5%。

从已经建立的易损性曲线不难看出，随着 PGA 值的增大，出现了震害破坏的建筑物中基本完好的比例在降低，而发生轻微破坏、中度破坏、严重破坏和完全损毁的比例在不断地增大，究其原因，是随着地震动的加强，建筑物的震害由基本完好向严重的方向转移发展，地震动越强，建筑物发生严重破坏的概率就越大，数量越多的基本完好的建筑物遭受更加严重的破坏，进而出现破坏状态由轻向重转移的现象。由于采用了不同的函数形式，所以破坏概率矩阵法和经验型易损性曲线法的易损性曲线外观上有一定的差别，但都是基于实际调查数据得到的结果，都具有一定的可信度和适用性。

第 4 章 隧道震害调查及易损性曲线建立

4.1 汶川地震隧道震害调查

4.1.1 概述

通过对汶川地震极重区和重灾区的四川、陕西和甘肃三省的国省道干线、典型县乡道公路隧道震害进行了广泛调研,基于 18 条线路 56 座隧道的震害特点分析,提出了断层破碎带影响段和洞口段震害影响过渡段隧道结构长度确定方法,并将隧道分为断层破碎带段隧道结构、洞口结构、普通段隧道结构 3 类,将震害破坏形式分为隧道衬砌结构 9 种、隧道下部结构 5 种,共 14 种形式。针对 3 类隧道结构和 14 种结构破坏形式按长度分别进行具体的统计分析,得出结论:地震烈度Ⅵ度区隧道均未破坏;Ⅹ度及Ⅹ度以下均存在没有发生震害的隧道;Ⅺ度以下隧道均没有发生隧道垮塌的严重震害;Ⅺ度区隧道均受到不同程度的破坏。

4.1.2 隧道震害调查范围

本次调查范围为汶川地震重、极重灾区国省干线及典型县乡道路公路隧道,共计 18 条线路 56 座隧道。

4.1.3 隧道结构分类

为研究隧道不同段落的震害特点、破坏机理和抗震设防对策,对隧道结构进行了分类,如图 4-1 所示。

隧道结构分为断层破碎带段隧道结构、洞口结构以及普通段隧道结构。洞口结构包括洞外结构(边仰坡、洞门及明洞结构)和洞口段衬砌结构。

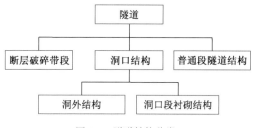

图 4-1 隧道结构分类

4.1.4 隧道震害概述

根据震害调查发现,断层破碎带段隧道结构震害最为严重,洞口结构次之,普通段隧道结构震害最轻。

4.1.4.1 断层破碎带段震害概述

震区内有6座穿越断层破碎带隧道受到较为严重的震害,分别是友谊隧道、白云顶隧道、紫坪铺隧道、龙洞子隧道、龙溪隧道和酒家垭隧道。其中,酒家垭隧道处于Ⅸ度及Ⅸ度以下烈度区,其他5条隧道处于Ⅸ度以上烈度区。

(1)Ⅸ度及Ⅸ度以下烈度区断层破碎带段隧道结构震害

Ⅸ度及Ⅸ度以下烈度区只有酒家垭隧道,其穿越断层部分震害类型有衬砌开裂、混凝土掉块、二次衬砌垮塌(图4-2)、隧道垮塌、施工缝开裂、衬砌渗水等。

图4-2　酒家垭隧道二次衬砌垮塌

(2)Ⅸ度以上烈度区断层破碎带段隧道结构震害

友谊隧道、白云顶隧道、紫坪铺隧道、龙洞子隧道、龙溪隧道处于Ⅸ度以上区域。以上隧道在过断层段附近出现各种形式破坏,包括衬砌开裂、错台,混凝土剥落,施工缝开裂,隧道垮塌(图4-3)、二次衬砌垮塌和坍方等。相对于普通段的破坏,断层影响带隧道垮塌和二次衬砌垮塌这样严重阻碍隧道交通以及抢修的灾害出现的概率大大增加。友谊隧道、龙溪隧道过断层段几乎全部二次衬砌垮塌,龙溪隧道有的位置可以透过垮塌的二次衬砌看见初次衬砌和部分围岩塌落至防水层(图4-4)。白云顶隧道断层影响带也出现了二次衬砌垮塌。此外,其他震害的如二次衬砌开裂、路面开裂等危害相对较小的破坏形式在断层影响带内也更加严重。

图4-3　龙溪隧道垮塌

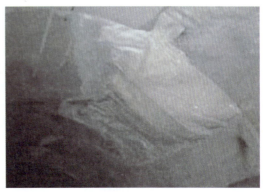
图4-4　龙溪隧道二次衬砌垮塌

4.1.4.2 洞口结构震害概述

隧道洞口是隧道唯一暴露的部位,所处地质条件一般较差(一般为比较严重的风化堆积体、土体),埋深一般较浅,故震害及次生灾害发生较多。震区共有位于地震烈度Ⅸ度及Ⅸ度以下隧道25座,Ⅸ度以上隧道15座。

(1)Ⅸ度及Ⅸ度以下地震区隧道洞口结构震害

位于地震烈度Ⅵ度的隧道洞口结构未出现震害;位于地震烈度Ⅶ度和Ⅷ度的隧道均有一座隧道洞门墙帽石被落石砸坏;位于地震烈度Ⅸ度的隧道中单坎梁子、草坡和耿达隧道仅边仰坡、洞门墙和明洞出现了震害,且主要由次生灾害引起,酒家垭隧道洞口段衬砌出现了二次衬砌垮塌、混凝土掉块、剥落等影响车辆通行的严重震害。

(2)Ⅸ度以上地震区隧道洞口结构震害

位于地震烈度Ⅹ度区的盘龙山、紫坪铺、友谊和马鞍石隧道边仰坡崩塌、滑塌及落石,洞口段衬砌破坏较严重,出现了衬砌开裂等震害;白云顶隧道边仰坡崩塌、滑塌及落石,洞门端墙被砸坏,洞口段衬砌破坏严重,出现了混凝土掉块、剥落以及二次衬砌垮塌等影响车辆通行的严重震害。位于地震烈度Ⅺ度区的毛家湾、福堂坝、皂角湾、彻底关和桃关隧道仅隧道洞外结构出现了震害,且主要由次生灾害引起;龙洞子、牛角垭和烧火坪隧道边仰坡出现崩塌、滑塌,掩埋洞口,洞门墙被砸坏,洞口段衬砌破坏较严重,出现了衬砌开裂等震害;龙溪和龙池隧道边仰坡出现小的滑塌,洞口段衬砌破坏严重,出现了混凝土掉块、剥落以及二次衬砌垮塌等影响车辆通行的严重震害。如图4-5、图4-6所示为洞口仰坡垮塌。

图4-5 洞口仰坡垮塌

图4-6 仰坡垮塌掩埋洞口

4.1.4.3 普通段隧道结构震害概述

普通段隧道结构一般围岩条件较好,震害程度和震害比例比洞口结构和断层破碎带段隧道结构要小。但这并不是说就可以忽略普通段隧道结构的震害机理研究和抗震设防,因为普通段隧道结构占整座隧道长度的70%左右,在这么长的范围内的一些个别区域也发生了较严重的震害,比如衬砌垮塌错台等,虽然比例不高,但是只要发生这样的震害,势必影响隧道的通车。

(1)Ⅸ度及Ⅸ度以下地震区普通段隧道结构震害

位于地震烈度Ⅵ~Ⅷ度区的普通段隧道结构未出现震害;位于地震烈度Ⅸ度区的隧道

中草坡和单坎梁子隧道有少量施工缝开裂(图4-7)渗水以及衬砌涂料层剥落,酒家垭隧道普通段隧道结构破坏较严重,出现了衬砌开裂、剥落等震害。

(2)Ⅸ度以上地震区普通段隧道结构震害

位于地震烈度Ⅹ度区隧道中盘龙山隧道普通段隧道结构基本无破坏;白云顶、马鞍石和紫坪铺隧道普通段隧道结构破坏较严重,出现了衬砌开裂等震害;友谊隧道普通段隧道结构破坏严重,出现了衬砌开裂、二次衬砌垮塌等震害。位于地震烈度Ⅺ度区隧道中龙洞子和牛角垭隧道普通段隧道结构破坏较严重,出现了衬砌开裂等震害;龙溪、烧火坪和龙池隧道普通段隧道结构破坏严重,出现了衬砌开裂、掉块(图4-8)、隧道垮塌、二次衬砌垮塌等震害;其他隧道普通段隧道结构基本无破坏。

 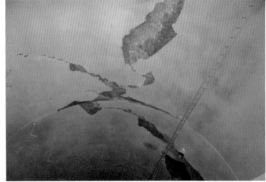

图4-7 施工缝开裂　　　　　　　　　　图4-8 掉块

4.1.5 隧道震害分类

通过震区现场调查,震区公路隧道震害可分为14种类型。

(1)隧道衬砌震害类型

衬砌结构震害类型:A 衬砌开裂(裂纹清晰,有一定走向);B 衬砌开裂(不能确定裂纹方向,呈片状或网状);C 混凝土剥落;D 衬砌错台;E 混凝土掉块;F 二次衬砌垮塌;G 隧道垮塌;I 施工缝开裂;H 衬砌渗水。

(2)隧道底部震害类型

隧道底部震害类型:K 路面开裂(裂纹清晰,有一定走向);L 路面开裂(不能确定裂纹方向,呈片状或网状);M 仰拱错台;N 仰拱隆起;P 路面渗水。

4.1.6 隧道震害调查及统计方法

4.1.6.1 调查方法

1)洞口区域检测

采用目测、摄影及测量等手段对洞口区域进行检测,详细查明如下病害情况:

(1)洞口区域已有滑坡、崩塌、落石等的规模。

(2)洞口区域边、仰坡挡防工程及防护开裂、错台、下沉、鼓肚、垮塌等破坏情况。

(3)洞口区域截、排水沟等开裂、错台、下沉等破坏情况。

(4)洞口墙开裂、下沉、断裂、垮塌等破坏情况。

2)隧道掉块坍塌(坍方)情况调查

采用目测、摄影及测量等手段对隧道内掉块、坍塌情况进行调查,查明掉块、坍塌规模及影响范围。

3)衬砌强度检测

采用超声回弹法对隧道二次衬砌进行强度检测。回弹法采用回弹仪测定混凝土强度,属于表明硬度法的一种。超声波法采用超声波穿透混凝土内部,通过波速的变化来测定混凝土强度;超声-回弹综合法则综合回弹法和超声波法的优点,使检测结果更为准确可靠。检测时测区布置:一般地段沿隧道纵向每50m/测区,病害明显地段视病害轻重情况加密测区。

(4)衬砌(初期支护)、路面(仰拱)等背后缺陷检测

采用彩色地质雷达检测系统对隧道衬砌、路面(仰拱)背后的缺陷情况进行检测,掌握衬砌(初期支护)背后的空洞、不密实等缺陷的分布及范围,并掌握衬砌(初期支护)的厚度。由一个天线向地下发射,另一个天线接收来自地下介质界面的反射波,电磁波在介质中传播时其路径、电磁场强度与波形将随所通过不同介质的电性质及几何形态而变化。根据收到电磁波的旅行时间(亦称双程走时)、幅度与波形资料,由雷达主机记录下来,通过数据处理、图形合成等手段,便可得到反映前方地质剖面的雷达图像。

(5)隧道断面净空检测

隧道断面净空检测采用激光断面仪法。激光断面仪法测量隧道净空断面的原理为极坐标法,即以某物理方向(如水平方向)为起算方向,按一定间距(角度或距离)依次逐一测定仪器旋转中心与实际衬砌轮廓线的交点之间的矢径(距离)及该矢径与水平方向的夹角,将这些矢径端点依次相连即可获得实际衬砌的轮廓线。测量时断面仪的扫描方向应与隧道中线垂直,扫描间隔约25cm。测量完成后再将实际衬砌的轮廓线与设计衬砌轮廓线对比,从而得出隧道断面的变形情况。

(6)衬砌、路面(仰拱)结构裂缝及渗漏水调查

采用目测、摄影及测量手段详细调查隧道衬砌结构裂缝及渗漏水情况,准确绘制在裂缝及渗漏情况下的平面展示图。结合隧道结构背后缺陷情况分析病害产生的原因,评价隧道整体结构的稳定性和可靠度。

(7)隧道沟、槽、通风及照明等附属设施调查对于运营隧道,采用目测、摄影及测量等手段详细调查隧道洞内的水沟、电缆槽、通风、照明、消防等附属设施的工作状态及破损情况,为修复(重建)提供准确的依据。

4.1.6.2 统计方法

隧道震害调查过程中发现,在隧道洞口和断层附近隧道结构震害往往比隧道其他部分结构震害要严重许多。所以根据隧道的破坏特点、统计需要以及准确描述隧道震害程度的要求,在统计时对隧道进行划分,如图4-9所示。

隧道洞外结构破坏与隧道洞身结构破坏有很大的不同,所以另外单独进行分析;对于隧道洞身结构,采用如下统计方法:首先划分出洞口段隧道结构、断层段隧道结构和普通段隧道结构,洞口段隧道结构又分为洞口浅埋段隧道结构和洞口过渡段隧道结构。在此基础上按围岩级别进行统计,统计时将各类震害以震害长度的形式记录到表中。

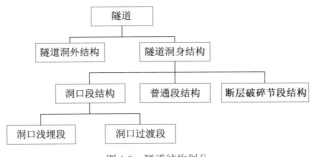

图 4-9 隧道结构划分

(1) 各类震害影响长度的确定方法

通过震害调查图,并根据之前震害的分类,对每种震害分别统计影响长度并记录,最后统计隧道综合震害影响长度(Z)。

(2) 深浅埋定义

荷载等效高度 h_q 的计算:

$$h_q = 0.45 \times 2^{S-1} \omega \quad (4\text{-}1)$$

式中:S——围岩级别;

ω——宽度影响系数,$\omega = 1 + i(B-5)$;

B——隧道宽度;

i——B 每增减 1m 时的围岩压力增减率,以 $B = 5m$ 的围岩垂直均布压力为准,当 $B < 5m$ 时,取 $i = 0.2$,$B > 5m$ 时,取 $i = 0.10$。

(3) 浅埋隧道分界深度 H_q 计算

$$H_q = (2 \sim 2.5) h_q \quad (4\text{-}2)$$

在矿山法施工条件下,Ⅳ~Ⅵ级围岩取 $H_q = 2.5 h_q$;Ⅰ~Ⅲ级围岩取 $H_q = 2 h_q$。当隧道段埋深小于或等于 H_q 时为浅埋隧道段,当隧道埋深大于 H_q 时为深埋隧道段。

(4) 洞口段震害影响过渡段

隧道洞口浅埋段属于易发生震害段。然而隧道浅埋段震害并不仅延伸到深浅埋分界就终止了,通过阅读震害展示图发现,隧道震害在浅埋段的基础上还向深埋段延伸了一定的距离,在隧道震害展示图中画出一条线将此延伸的终止范围标示出来,此线与浅埋分界线间的隧道段就是洞口段震害影响过渡段。

(5) 断层破碎带影响段

断层两盘相对运动,相互挤压,使附近的岩石破碎,形成与断层面大致平行的破碎带,即断层破碎带,断层两侧包括断层和破碎带的总宽度称为断层破碎带宽度。通过研究震害展示图发现,断层破碎带及两侧一定范围有这样一个特点,即此范围比邻近的其他区域的震害面积或严重震害(比如垮塌、掉块)的比例有明显的增加,在隧道震害展示图两侧各画出一条线将此范围标示出来,两条标示线内的隧道段就是断层破碎带震害影响段。

4.1.7 隧道震害等级划分

地震发生后,公路工程主要分两阶段(抢通、保通阶段和恢复重建阶段)进行恢复,两阶段的特点、目标及处治重点如表 4-1 所示。

第4章 隧道震害调查及易损性曲线建立

公路工程两阶段恢复的特点、目标及处治重点　　　　表 4-1

名称	特　点	结构恢复目标	处 理 重 点
抢修阶段	时间紧、任务重且道路不通，大型机械不能进场，只能对一些比较严重但易处理的震害进行临时整治；必须以最简单的方式、最快捷的方法保障通车	临时安全	二次衬砌剥落、掉块或局部垮塌的隧道段落
保通阶段	维持通行，提高通行能力；保障在抢险期间的通行安全；满足灾后重建的大量运输，该阶段具有交通量大、重车比例高的特点	安全但不考虑结构耐久性及渗漏水	(1) 衬砌开裂严重，纵横交织呈网状，有的甚至为贯通裂缝的隧道段落； (2) 衬砌严重开裂、掉块、垮塌段； (3) 隧道内塌方段
重建阶段	恢复至正常通车	安全；耐久；无渗漏性水	所有震害段落

根据现场隧道震害情况及灾后重建两阶段的需要，对隧道震害程度分为 5 级，如表 4-2 所示。

隧 道 震 害 分 级　　　　表 4-2

分　　级	震　害　现　象
A0 基本完好	情况正常，基本完好
A 轻微破坏	结构存在轻微破坏，现阶段对行人、车辆不会有影响但应进行监测、观测
B 中度破坏	结构存在破坏，可能会危及行人(车辆)安全，应准备采取对策措施
C 严重破坏	结构存在较严重破坏，将会危及行人(车辆)安全，应尽早采取对策措施
D 完全损毁	结构存在严重破坏，已危及行人(车辆)安全，必须立即采取紧急对策措施

4.1.8 断层破碎带段隧道结构震害统计

汶川地震中过断层的隧道断层破碎节段的详细情况见表 4-3。

汶川地震中过断层的隧道断层破碎节段的详细情况　　　　表 4-3

断层名称	地震烈度	破碎带宽度(m)	隧道埋深(m)	断层倾角	围 岩 级 别	影响段宽度(m)	破碎带宽度(m)	最严重破坏形式
酒家垭 F1	Ⅸ	64	141	57°	Ⅳ(破碎带)；Ⅳ(上下盘)	85	64	隧道垮塌
酒家垭 F4	Ⅸ	10	226	47°	Ⅳ(破碎带)；Ⅳ(上下盘)	60	—	二次衬砌垮塌
白云顶 F1	Ⅹ	0	25	42°	Ⅴ(破碎带)；Ⅳ(上下盘)	29	—	二次衬砌垮塌
紫坪铺 F10	Ⅵ	3	242	—	Ⅴ(破碎带)；Ⅳ、Ⅴ(上下盘)	70	3	二次衬砌垮塌
龙洞子 F5	Ⅵ	10	15	—	Ⅴ(破碎带)；Ⅳ(上下盘)	68	10	衬砌错台
龙溪 F8	Ⅵ	10	230	82°	Ⅴ(破碎带)；Ⅴ(上下盘)	200	10	隧道垮塌
友谊 F1	Ⅹ	0.5	54	—	—	50	0.5	二次衬砌垮塌

断层破碎带各隧道震害类型、长度、比例

表 4-4

隧道名称	A 长度(m)	A 比例(%)	B 长度(m)	B 比例(%)	C 长度(m)	C 比例(%)	D 长度(m)	D 比例(%)	E 长度(m)	E 比例(%)	F 长度(m)	F 比例(%)	G 长度(m)	G 比例(%)	I 长度(m)	I 比例(%)
龙溪	68	11.4	140	23.5	81	13.6	30	5.0	0	0.0	305	51.3	0	0.0	0	0.0
紫坪铺	145	85.3	0	0.0	0	0.0	0	0.0	0	0.0	0	0.0	0	0.0	9	5.3
龙洞子	82	26.6	60	19.5	0	0.0	4	1.3	0	0.0	47	15.3	0	0.0	0	0.0
白云顶	0	0.0	0	0.0	0	0.0	0	0.0	0	0.0	14	48.3	0	0.0	4	13.8
友谊	0	0.0	0	0.0	0	0.0	0	0.0	0	0.0	50	100.0	0	0.0	0	0.0
酒家垭	30	20.7	35	24.1	0	0.0	0	0.0	24	16.6	0	0.0	0	0.0	5	3.4

隧道名称	J 长度(m)	J 比例(%)	K 长度(m)	K 比例(%)	L 长度(m)	L 比例(%)	M 长度(m)	M 比例(%)	N 长度(m)	N 比例(%)	P 长度(m)	P 比例(%)	Z 长度(m)	Z 比例(%)
龙溪	0	0.0	0	0.0	0	0.0	0	0.0	0	0.0	0	0.0	595	100.0
紫坪铺	39	22.9	36	21.2	68	22.1	69	22.4	68	22.1	0	0.0	156	91.8
龙洞子	0	0.0	86	27.9	29	100.0	29	100.0	0	100.0	0	0.0	213	69.2
白云顶	0	0.0	0	0.0	0	0.0	0	0.0	0	0.0	0	0.0	29	100.0
友谊	0	0.0	0	0.0	0	0.0	0	0.0	0	0.0	0	0.0	50	100.0
酒家垭	59	40.7	0	0.0	0	0.0	10	6.9	0	0.0	10	6.9	143	98.6

根据统计的汶川震区6座穿过断层的隧道,穿越的断层破碎带宽度为0.5～64m。除去未错动的紫坪铺隧道和无断层宽度资料的白云顶隧道,同样发生错动了的隧道中,0.5m宽友谊隧道F1段最严重破坏类型明显弱于10m和64m宽断层最严重破坏类型。为了分析方便,将破碎带宽度小于或等于1m的断层称为窄断层破碎带,将破碎带宽度大于1m的断层称为宽断层破碎带。

断层分为有错动和无错动两种类型。根据汶川震区隧道穿越断层及破碎带实际状况,存在宽断层破碎带+无错动、窄断层破碎带+错动、宽断层破碎带+错动三种情况。

4.1.8.1 断层破碎带各隧道震害统计

通过震后灾害调查,统计出断层破碎带各隧道震害类型、长度、比例,如表4-4所示。

4.1.8.2 断层破碎带段隧道结构震害统计

(1) 上下盘Ⅲ级围岩隧道震害统计

断层破碎带两侧上下盘Ⅲ级围岩隧道震害统计如表4-5所示。

由表4-5可知,断层破碎带两侧上下盘Ⅲ级围岩隧道各种震害比例相差不大,均大于20%。综合震害长度为88m,占统计长度的86.27%。隧道出现最严重的破坏是二次衬砌垮塌(F),长度比例为24.51%。没有出现隧道垮塌(G)。可见,在此情况下,隧道围岩是稳定的,但二次衬砌需要加强。

断层破碎带两侧上下盘Ⅲ级围岩隧道震害统计　　表4-5

震害类型	A	B	F	K	L
震害长度(m)	30	25	25	31	32
震害比例(%)	29.41	24.51	24.51	30.39	31.37
震害类型	I	M	N	Z(综合)	
震害长度(m)	26	33	32	88	
震害比例(%)	25.49	32.35	31.37	86.27	

(2) Ⅳ级围岩隧道震害统计

断层破碎带两侧上下盘Ⅳ级围岩隧道震害统计如表4-6所示。

断层破碎带两侧上下盘Ⅳ级围岩隧道震害统计　　表4-6

震害类型	A	B	C	D	E	F	G
震害长度(m)	106	149	66	15	15	238	45
震害比例(%)	19.06	26.8	11.87	2.70	2.70	42.81	8.09
震害类型	I	J	K	M	N	Z(综合)	
震害长度(m)	6	45	34	10	10	554	
震害比例(%)	1.08	8.09	6.12	1.80	1.80	99.64	

由表4-6可知,上下盘Ⅳ级围岩隧道震害以二次衬砌垮塌为主,占到了42.81%;A衬砌开裂(裂纹清晰,有一定走向)和B衬砌开裂(不能确定裂纹方向,呈片状或网状)次之,分别占到19.06%和26.80%;其他震害类型较少。综合震害长度为554m,占统计长度的99.64%。隧道出现最严重的破坏是隧道垮塌(G),长度比例为8.09%。二次衬砌垮塌(F),长度比例为42.81%。可见,在此情况下,隧道围岩出现了破坏,二次衬砌也需要加强。

(3) 上下盘 V 级围岩隧道震害统计

断层破碎带两侧上下盘 V 级围岩隧道震害统计如表 4-7 所示。

断层破碎带两侧上下盘 V 级围岩隧道震害统计 表 4-7

震害类型	A	B	C	D	E	F	G
震害长度(m)	234	110	21	19	8	153	261
震害比例(%)	22.01	10.35	1.98	1.79	0.75	14.49	24.55
震害类型	I	J	K	L	M	N	Z(综合)
震害长度(m)	25	57	71	94	94	50	864
震害比例(%)	2.35	5.36	6.68	8.84	8.84	4.70	81.28

上下盘 V 级围岩隧道震害以 A 衬砌开裂(裂纹清晰,有一定走向)和隧道垮塌为主,分别占到了 22.01% 和 24.55%;二次衬砌垮塌次之,占到了 14.49%;其他震害类型较少。综合震害长度为 864m,占统计长度的 81.28%。上下盘 V 级围岩的隧道衬砌一般为钢筋混凝土结构,但是,在强震作用下,仍有占统计长度为 24.55% 的隧道发生了垮塌,二次衬砌垮塌占统计长度的 14.49%。可见,在此情况下,隧道围岩出现了严重破坏,二次衬砌也需要加强。

(4) 断层破碎带段隧道结构震害综合统计

断层破碎带段隧道结构震害综合统计结果如表 4-8 所示。

断层破碎带段隧道结构震害综合统计结果 表 4-8

震害类型	A	B	C	D	E
震害长度(m)	370	245	87	34	23
震害比例(%)	20.64	13.66	4.85	1.90	1.28
震害类型	F	G	I	J	K
震害长度(m)	529	306	53	102	136
震害比例(%)	29.50	17.07	2.96	5.69	7.59
震害类型	L	M	N	P	Z(综合)
震害长度(m)	107	98	118	10	1506
震害比例(%)	5.97	5.47	6.58	0.56	87.51

由表 4-8 可知,断层破碎带段隧道结构震害以二次衬砌垮塌为主,占到了 29.5%;衬砌开裂(裂纹清晰,有一定走向)和隧道垮塌次之,分别占到了 20.64% 和 17.07%;路面开裂(不能确定裂纹方向,呈片状或网状)再次之,占 13.66%;其他震害类型较少;综合震害长度为 1506m,占统计长度的 87.51%。

4.1.8.3 震害分析

(1) 断层错动是引起断层破碎带隧道结构震害严重的主要原因。根据实际调查的 6 座穿越断层隧道震害情况,紫坪铺隧道过断层未出现错动,因此没有出现如二次衬砌垮塌或隧道垮塌的破坏形式,与普通段隧道衬砌破坏形式相似,只是开裂更严重。友谊隧道过断层出现错动,隧道出现二次衬砌垮塌破坏。可见,断层错动是引起隧道破坏的主要原因。

(2) 断层上下盘围岩软弱是引起断层破碎带隧道震害严重的另外一个原因。调查结果显示,断层破碎带两侧上下盘围岩为Ⅲ级,隧道出现最严重的破坏是二次衬砌垮塌(F),长度比例为 24.51%,没有出现隧道垮塌(G),可见,在此情况下,隧道围岩是稳定的。上下盘围岩为Ⅴ级,隧道出现最严重的破坏是隧道垮塌(G),长度比例为8.09%,可见,在此情况下,隧道围岩出现了破坏。上下盘围岩为Ⅴ级,隧道出现最严重的破坏是隧道垮塌(G),长度比例为24.55%,可见,在此情况下,隧道围岩出现了严重破坏。

(3)断层破碎带的宽度对隧道震害也有一定的影响。龙溪隧道断层破碎带宽度10m以上,其附近出现了隧道垮塌,当然,这与该断层错动也有很大关系。

(4)二次衬砌设计不足也是引起断层破碎带隧道震害严重的一个原因。分析结果表明,断层破碎带两侧上下盘围岩为Ⅲ级,隧道没有出现垮塌,说明隧道围岩是稳定的,但出现了长度比例为24.51%的二次衬砌垮塌,说明隧道二次衬砌需要进行抗震配筋,同时也说明,二次衬砌可以采用柔性结构进行抗震设计,因为隧道没有出现垮塌,说明初期支护完好,而初期支护就是柔性结构。上下盘围岩为Ⅳ级,隧道出现了长度比例为42.81%的二次衬砌垮塌,而隧道垮塌的长度比例仅为8.09%,可见,加强二次衬砌抗震配筋能很好地达到抗震目标。上下盘围岩为Ⅴ级的隧道衬砌一般都采用钢筋混凝土结构,但是,仍有占统计长度14.49%的二次衬砌出现了垮塌,而此时隧道垮塌长度比例为24.55%,可见,应该加强二次衬砌的抗震配筋。

(5)综合分析表明,引起断层破碎带段隧道结构震害的原因是:断层错动、围岩条件软弱、断层带宽度及二次衬砌的强度和刚度。另外,不易发生错动的断层隧道不需要进行特别的抗震设防;易发生错动的断层隧道应进行特殊的抗震设防。

4.1.9 洞口结构震害统计

4.1.9.1 洞外结构(边仰坡和洞门及明洞)主要震害统计

震区公路隧道洞外结构破坏主要集中在Ⅸ度及Ⅸ度以上地区,具体统计结果如表4-9所示。

震区公路隧道洞外结构破坏统计结果　　表4-9

隧道名称	烈度	边仰坡	洞门	明洞	备注
小邱地	Ⅶ	无震害	帽石被落石砸坏	—	—
飞仙关	Ⅷ	无震害	帽石被落石砸坏	—	—
草坡	Ⅸ	崩塌、滑塌	开裂,洞口被部分掩埋	—	—
单坎梁子	Ⅸ	轻微滑塌	部分落石堆积洞口	—	—
耿达	Ⅸ	崩塌、滑塌	无震害	落石砸穿	边仰坡上方崩塌、滑塌
白云顶	Ⅹ	边坡滑坡	端墙和拱圈开裂	—	—
友谊	Ⅹ	崩塌、滑塌	开裂	—	边仰坡上方崩塌、滑塌
紫坪铺	Ⅹ	边坡碎裂、脱落	—	—	—
龙洞子	Ⅺ	崩塌、落石	开裂、断裂,落石砸坏帽石及翼墙并堆积洞口,洞口被仰坡崩塌体掩埋	—	边仰坡上方崩塌、落石
龙溪	Ⅺ	山体崩塌、仰坡开裂	—	—	—
皂角溪	Ⅺ	崩塌、滑塌	开裂,落石砸坏端墙	—	边仰坡上方崩塌、滑塌
福堂	Ⅺ	崩塌、滑塌	开裂,洞口被部分掩埋	—	边仰坡上方崩塌、滑塌
桃关	Ⅺ	崩塌、滑塌	开裂、断裂开裂、拱圈损坏	落石堆积	边仰坡上方崩塌、滑塌

表 4-10 洞口浅埋段各隧道震害类型、长度及比例

隧道名称	A 长度(m)	A 比例(%)	B 长度(m)	B 比例(%)	C 长度(m)	C 比例(%)	D 长度(m)	D 比例(%)	E 长度(m)	E 比例(%)	F 长度(m)	F 比例(%)	G 长度(m)	G 比例(%)	I 长度(m)	I 比例(%)
龙溪	191	81.62	60	25.64	0	0	0	0	0	0	10	4.27	0	0	14	5.98
紫坪铺	119	68.00	0	0	0	0	6	3.43	0	0	0	0	0	0	11	6.29
龙洞子	10	29.41	0	0	0	0	1	2.94	0	0	0	0	0	0	0	0
烧火坪	6	50.00	0	0	0	0	1	8.33	0	0	0	0	0	0	1	8.33
白云顶	14	11.20	14	11.20	0	0	3	2.40	0	0	0	0	0	0	0	0
马鞍石	8	26.67	0	0	0	0	0	0	0	0	0	0	0	0	0	0
友谊	6	5.17	0	0	0	0	2	1.72	0	0	0	0	0	0	10	8.62
酒家垭	66	97.06	14	20.59	0	0	0	0	0	0	0	0	0	0	1	1.47

隧道名称	J 长度(m)	J 比例(%)	K 长度(m)	K 比例(%)	L 长度(m)	L 比例(%)	M 长度(m)	M 比例(%)	N 长度(m)	N 比例(%)	P 长度(m)	P 比例(%)	Z 长度(m)	Z 比例(%)
龙溪	25	10.68	17	7.26	14	5.98	151	64.53	7	2.99	0	0	198	84.62
紫坪铺	0	0.00	20	11.43	0	0	0	0	0	0	0	0	123	70.29
龙洞子	0	0.00	34	100.00	0	0	0	0	0	0	0	0	34	100.00
烧火坪	0	0	0	0	0	0	12	100.00	0	0	0	0	12	100.00
白云顶	0	0	7	5.6	0	0	29	23.20	0	0	0	0	66	52.80
马鞍石	0	0	2	6.67	0	0	0	0	0	0	0	0	10	33.33
友谊	2	1.72	0	0	0	0	0	0	0	0	0	0	16	13.79
酒家垭	15	22.06	1	1.47	0	0	0	0	0	0	67	98.53	68	100.00

第4章 隧道震害调查及易损性曲线建立

洞口过渡段各隧道震害类型、长度及比例 表4-11

震害类型

隧道名称	A 长度(m)	A 比例(%)	B 长度(m)	B 比例(%)	C 长度(m)	C 比例(%)	D 长度(m)	D 比例(%)	E 长度(m)	E 比例(%)	F 长度(m)	F 比例(%)	G 长度(m)	G 比例(%)	I 长度(m)	I 比例(%)
龙溪	104	30.59	100	29.41	39	11.47	2	0.59	0	0	57	16.76	0	0	14	4.12
紫坪铺	189	50.13	0	0	0	0	15	3.98	0	0	0	0	0	0	28	7.43
龙洞子	12	27.91	0	0	0	0	1	2.33	0	0	0	0	0	0	1	2.33
烧火坪	0	0	0	0	0	0	0	0	0	0	0	0	0	0	0	0
白云顶	0	0	0	0	0	0	0	0	0	0	0	0	0	0	1	6.25
马鞍石	21	43.75	1	2.08	0	0	0	0	6	12.50	0	0	0	0	0	0
友谊	32	26.89	0	0	0	0	0	0	0	0	0	0	0	0	7	5.88
酒家垭	122	70.52	20	0	52	30.06	0	0	0	0	23	13.29	0	0	4	2.31

震害类型

隧道名称	J 长度(m)	J 比例(%)	K 长度(m)	K 比例(%)	L 长度(m)	L 比例(%)	M 长度(m)	M 比例(%)	N 长度(m)	N 比例(%)	P 长度(m)	P 比例(%)	Z 长度(m)	Z 比例(%)
龙溪	27	7.94	5	1.47	15	4.41	130	38.24	32	9.41	0	0	294	86.47
紫坪铺	8	2.12	168	44.56	0	0	1	0.27	0	0	0	0	287	76.13
龙洞子	0	0	42	97.67	0	0	0	0	0	0	0	0	42	97.67
烧火坪	0	0	0	0	0	0	0	0	0	0	0	0	0	0
白云顶	0	0	7	43.75	0	0	0	0	0	0	0	0	7	43.75
马鞍石	1	2.08	0	0	0	0	0	0	0	0	0	0	28	58.33
友谊	6	5.04	10	8.40	0	0	0	0	0	0	0	0	50	42.02
酒家垭	30	17.34	119	68.79	0	0	0	0	0	0	173	100.00	173	100.00

由表 4-9 可知:隧道边仰坡在地震烈度为Ⅷ度及Ⅷ度以下时无震害。Ⅸ度及Ⅸ度以上均出现崩塌和滑塌,且大部分是由边仰坡上方山体崩塌、滑塌引起的。洞门结构在地震烈度为Ⅷ度及Ⅷ度以下时仅出现洞门墙帽石被落石砸坏的震害,在Ⅸ度时出现了洞门墙开裂的震害,在Ⅸ度以上区域隧道洞门墙均出现开裂震害,Ⅵ度区的龙洞子隧道和桃关隧道洞门出现了断裂震害。明洞仅耿达隧道被落石砸穿,桃关隧道明洞上方有落石堆积,其他隧道基本未设置明洞。

4.1.9.2 洞口段衬砌各隧道震害统计

通过震害展示图和调查表,统计出洞口浅埋段各隧道震害类型、长度及比例如表 4-10 所示。

通过震害展示图和调查表,统计出洞口过渡段各隧道震害类型、长度及比例如表 4-11 所示。

4.1.9.3 洞口段衬砌主要震害统计

洞口段衬砌按岩性可分为软岩洞口段衬砌和硬岩洞口段衬砌。
1)软岩洞口段衬砌主要震害统计
(1)洞口浅埋段震害统计
洞口浅埋段主要震害统计如表 4-12 所示。

洞口浅埋段主要震害统计　　　　表 4-12

震害类型	A	B	C	D	I	J	K
震害长度(m)	420	88	38	15	49	42	80
震害比例(%)	52.9	11.08	4.79	1.89	6.17	5.29	10.08
震害类型	L	M	N	O	P	Z(综合)	
震害长度(m)	14	202	7	48	67	526	
震害比例(%)	1.76	25.44	0.88	6.05	8.44	66.25	

由表 4-12 可知,洞口浅埋段震害以衬砌开裂(裂纹清晰,有一定走向)为主,占到 52.90%;仰拱错台次之,占到了 25.44%;其他震害比例均较小。综合震害长度为 526m,占统计长度的 66.25%。震害中没有出现二次衬砌垮塌,也没有出现隧道垮塌,这主要与该区域隧道已按Ⅶ度设防,并且在洞口段采用了钢筋混凝土衬砌有关。

(2)洞口过渡段震害统计
洞口过渡段主要震害统计如表 4-13 所示。

洞口过渡段主要震害统计　　　　表 4-13

震害类型	A	B	C	D	E	F	I	J
震害长度(m)	480	121	91	5	6	37	72	72
震害比例(%)	43.13	10.87	8.18	0.45	0.54	3.32	6.47	6.47
震害类型	K	L	M	N	O	P	Z(综合)	
震害长度(m)	351	15	131	32	38	173	881	
震害比例(%)	31.54	1.35	11.77	2.88	3.41	15.54	79.16	

由表 4-12 可知,洞口过渡段震害以衬砌开裂(裂纹清晰,有一定走向)为主,占到 43.13%;路面开裂(裂纹清晰,有一定走向)次之,占到了 31.54%;出现了二次衬砌垮塌震害,占到了 3.32%。综合震害长度为 881m,占统计长度的 79.16%。

洞口过渡段出现了二次衬砌垮塌,这主要与围岩存在软硬交界面,同时由于处于隧道深埋段,二次衬砌可能没有配筋等情况有关。

调查统计发现,硬岩隧道洞口段衬砌结构基本未发生损坏(如 G213 线映汶段 7 座隧道)。

2)洞口段衬砌震害综合统计

洞口段衬砌主要震害统计如表 4-14 所示。

洞口段衬砌主要震害统计　　　　表 4-14

震害位置	A	B	C	D	E
震害长度(m)	916	279	129	35	6
震害比例(%)	48.72	14.84	6.86	1.86	0.32
震害位置	F	I	J	K	L
震害长度(m)	37	128	114	441	96
震害比例(%)	1.94	6.81	6.06	23.46	5.11
震害位置	M	N	O	P	Z(综合震害)
震害长度(m)	390	106	86	240	1407
震害比例(%)	20.74	5.64	4.57	12.77	73.78

由表 4-14 可知,隧道洞口段震害以衬砌开裂(裂纹清晰,有一定走向)为主,占到了 48.72%;路面开裂(裂纹清晰,有一定走向)及仰拱错台次之,分别占到 23.46% 和 18.57%;路面开裂(不能确定裂纹方向,呈片状或网状)再次之,占 14.84%;出现了二次衬砌垮塌震害,占到 1.94%。综合震害长度为 1407m,占统计长度的 73.78%。最严重的震害是二次衬砌垮塌,出现在塌洞口过渡段内,这主要与围岩存在软硬交界面,同时由于处于隧道深埋段,二次衬砌可能没有配筋等情况有关。

4.1.9.4　震害分析

(1)边仰坡结构在Ⅷ度及Ⅷ度以上时无震害,Ⅸ度及Ⅸ度以上时震害多由边仰坡上方山体崩塌、滑塌引起;明洞震害较少,仅耿达隧道被落石砸穿、桃关隧道明洞上方有落石堆积。

(2)洞门震害在Ⅷ度以下区域主要由次生地质灾害引起,在Ⅸ度及Ⅸ度以上区域主要是洞门墙开裂和由次生地质灾害引起的震害,Ⅵ度区的龙洞子和桃关隧道洞门出现了断裂震害,这主要和洞门地基以及洞门结构形式有关。桃关隧道进口洞门位于巨厚土覆盖层上,且进口处地势平坦,洞门两侧开阔,不适宜修建端墙式洞门,宜修建削竹式洞门(接长明洞)。

(3)硬岩隧道洞口段结构基本无破坏,软岩隧道洞口段结构震害较严重。软岩隧道洞口浅埋段由于考虑了抗震设防,未出现二次衬砌垮塌这样严重的震害类型;软岩隧道洞口过渡段出现了二次衬砌垮塌这样严重的震害类型(龙溪隧道和酒家垭隧道),分析其原因主要是:地震烈度高、二次衬砌未配筋、垮塌处位于软硬围岩交接面段等。

表 4-15 普通段隧道结构各隧道震害类型、长度及比例

隧道名称	A 长度(m)	A 比例(%)	B 长度(m)	B 比例(%)	C 长度(m)	C 比例(%)	D 长度(m)	D 比例(%)	E 长度(m)	E 比例(%)	F 长度(m)	F 比例(%)	G 长度(m)	G 比例(%)	I 长度(m)	I 比例(%)
龙溪	344	7.81	100	29.41	39	11.47	2	0.59	0	0	57	16.76	0	0	14	4.12
紫坪铺	981	35.35	0	0	0	0	15	3.98	0	0	0	0	0	0	28	7.43
龙洞子	51	7.24	0	0	0	0	1	2.33	0	0	0	0	0	0	1	2.33
烧火坪	50	11.90	0	0	0	0	0	0	0	0	0	0	0	0	0	0
白云顶	0	0	0	0	0	0	0	0	0	0	0	0	0	0	1	6.25
马鞍石	21	43.75	1	2.08	0	0	0	0	6	12.50	0	0	0	0	0	0
友谊	32	26.89	0	0	0	0	0	0	0	0	0	0	0	0	7	5.88
酒家垭	122	70.52	20	0	52	30.06	0	0	0	0	23	13.29	0	0	4	2.31

隧道名称	J 长度(m)	J 比例(%)	K 长度(m)	K 比例(%)	L 长度(m)	L 比例(%)	M 长度(m)	M 比例(%)	N 长度(m)	N 比例(%)	P 长度(m)	P 比例(%)	Z 长度(m)	Z 比例(%)
龙溪	27	7.94	5	1.47	15	4.41	130	38.24	32	9.41	0	0	294	86.47
紫坪铺	8	2.12	168	44.56	0	0	1	0.27	0	0	0	0	287	76.13
龙洞子	0	0	42	97.67	0	0	0	0	0	0	0	0	42	97.67
烧火坪	0	0	0	0	0	0	0	0	0	0	0	0	0	0
白云顶	0	0	7	43.75	0	0	0	0	0	0	0	0	7	43.75
马鞍石	1	2.08	0	0	0	0	0	0	0	0	0	0	28	58.33
友谊	6	5.04	10	8.40	0	0	0	0	0	0	0	0	50	42.02
酒家垭	30	17.34	119	68.79	0	0	0	0	0	0	173	100.00	173	100.00

4.1.10 普通段隧道结构震害统计

4.1.10.1 普通段隧道结构各隧道震害统计

通过震害展示图和调查表,统计出普通段隧道结构各隧道震害类型、长度及比例,如表4-15所示。

4.1.10.2 普通段隧道结构主要震害统计

(1) Ⅱ级围岩普通段隧道结构震害统计

Ⅱ级围岩普通段隧道结构震害统计如表4-16所示。

Ⅱ级围岩普通段隧道结构震害统计　　　　表4-16

震害类型	A	B	E	I	K
震害长度(mm)	163	15	15	2	5
震害比例(%)	25.55	2.35	2.35	0.31	0.78
震害类型	L	M	N	Z	
震害长度(mm)	8	55	159	330	
震害比例(%)	1.25	8.62	24.92	51.72	

由表4-16可知,Ⅱ级围岩普通段隧道结构震害以衬砌开裂(裂纹清晰,有一定走向)和仰拱隆起为主,分别占到25.55%和24.92%;仰拱错台次之,占到8.62%;其他震害比例均较小。综合震害长度为330m,占统计长度的51.72%。

(2) Ⅲ级围岩普通段隧道结构震害统计

Ⅲ级围岩普通段隧道结构震害统计如表4-17所示。

Ⅲ级围岩普通段隧道结构震害统计　　　　表4-17

震害类型	A	B	C	D	E	I	J
震害长度(m)	374	2	20	8	93	66	47
震害比例(%)	13.07	0.07	0.70	0.28	3.25	2.31	1.64
震害类型	K	M	N	O	P	Z(综合)	
震害长度(m)	133	260	80	69	50	1079	
震害比例(%)	4.65	9.09	2.80	2.41	1.75	37.71	

由表4-17可知,Ⅲ级围岩普通段隧道结构震害以衬砌开裂(裂纹清晰,有一定走向)为主,占到13.07%;仰拱错台次之,占到9.09%;其他震害比例均较小。综合震害长度为1079m,占统计长度的37.71%。

(3) Ⅳ级围岩普通段隧道结构震害统计

Ⅳ级围岩普通段隧道结构震害统计如表4-18所示。

Ⅳ级围岩普通段隧道结构震害统计 表4-18

震害类型	A	B	C	D	E	I	J
震害长度(m)	1221	87	101	20	82	199	270
震害比例(%)	20.78	1.48	1.72	0.34	1.40	3.39	4.59
震害类型	K	M	N	L	P	Z(综合)	
震害长度(m)	485	31	171	45	17	2284	
震害比例(%)	8.25	0.53	2.91	0.77	0.29	38.86	

由表4-18可知,Ⅳ级围岩普通段隧道结构震害以衬砌开裂(裂纹清晰,有一定走向)为主,占到20.78%;路面开裂(裂纹清晰,有一定走向)次之,占到8.25%;其他震害比例均较小。综合震害长度为2284m,占统计长度的38.86%。

(4) Ⅴ级围岩普通段隧道结构震害统计

Ⅴ级围岩普通段隧道结构震害统计如表4-19所示。

Ⅴ级围岩普通段隧道结构震害统计 表4-19

震害类型	A	B	C	E	I	J
震害长度(m)	254	4	3	2	32	12
震害比例(%)	22.32	0.35	0.26	0.18	2.81	1.05
震害类型	K	M	N	O	Z(综合)	
震害长度(m)	1	205	127	5	603	
震害比例(%)	0.09	18.01	11.16	0.44	52.99	

由表4-19可知,Ⅴ级围岩普通段隧道结构震害以衬砌开裂(裂纹清晰,有一定走向)为主,占到22.32%;仰拱错台和仰拱隆起次之,分别占到18.06%和11.16%;其他震害比例均较小。综合震害长度为603m,占统计长度的52.99%。

(5) 普通段隧道结构震害综合统计

普通段隧道结构主要震害统计,如表4-20所示。

普通段隧道结构主要震害统计 表4-20

震害类型	A	B	C	D	E
震害长度(m)	2006	108	124	28	192
震害比例(%)	18.99	1.02	1.17	0.27	1.82
震害类型	I	J	K	L	M
震害长度(m)	267	361	624	123	551
震害比例(%)	2.53	3.42	5.91	1.16	5.22
震害类型	N	O	P	Z	
震害长度(m)	585	74	67	4296	
震害比例(%)	5.54	0.70	0.63	40.86	

由表4-20可知,普通段隧道结构震害以衬砌开裂(裂纹清晰,有一定走向)最多,占18.99%;其他震害比例均较小。综合震害长度为4296m,占统计长度的40.86%。

4.1.10.3 震害分析

(1) 普通段隧道结构在地震烈度Ⅸ度及Ⅸ度以上的强震条件下,如果不存在缺陷,一般不会出现隧道垮塌和二次衬砌垮塌等严重震害。

(2) 普通段隧道结构二次衬砌使用素混凝土时,在高烈度地震作用下,也可能出现开裂等震害。

(3) 普通段隧道结构在施工过程中出现过大变形或衬砌背后不密实等缺陷时,可能会发生较严重的震害,如二次衬砌垮塌、隧道垮塌等。

4.1.11 隧道震害特点

汶川地震重、极重灾区隧道受损严重的5条线路分别是:都映高速公路、G213线都江堰至映秀段公路、青川至剑阁公路、S105线北川至青川段公路、都江堰至龙池公路。

4.1.11.1 不同烈度区隧道数量及比例

在Ⅵ~Ⅺ度地震烈度区内隧道的数量及比例如表4-21所示。

Ⅵ~Ⅺ度地震烈度区内隧道的数量及比例　　　表4-21

地震烈度	隧道数量	所占比例(%)	地震烈度	隧道数量	所占比例(%)
Ⅵ	16	28.6	Ⅸ	5	8.9
Ⅶ	10	17.9	Ⅹ	6	8.9
Ⅷ	10	17.9	Ⅺ	10	17.9

4.1.11.2 不同烈度区内发生震害的隧道震害程度及比例

在Ⅵ~Ⅺ度地震烈度区内发生震害的隧道震害程度及比例如表4-22所示。

Ⅵ~Ⅺ度地震烈度区内发生震害的隧道震害程度及比例　　　表4-22

烈度	隧道数量	S	比例(%)	A	比例(%)	B	比例(%)	C	比例(%)	D_1	比例(%)	D_2	比例(%)
Ⅵ	16	16	100										
Ⅶ	10	6	60	3	30	1	10						
Ⅷ	10	5	50	3	30	2	20						
Ⅸ	5	5	20	1	20	1	20	1	20	1	20		
Ⅹ	5	1	20	1	20	1	20					2	40
Ⅺ	10			2	20	2	20	3	30	2	20	1	10

由表4-22可以看出,随着地震烈度的增加,隧道破坏得越严重,在Ⅺ度地震烈度区内的隧道均受到不同程度的破坏,需要进行维修加固。

4.1.11.3 各震害程度隧道比例

各震害程度隧道所占比例如表4-23所示。

各震害程度隧道所占比例　　　　　　　表4-23

震害程度	S	A	B	C	D_1	D_2
隧道数量	29	10	7	4	5	1
所占比例(%)	51.8	17.8	12.5	7.2	8.9	1.8

由表4-23可以看出，在已经调查的56座隧道中，地震后可抢通通行的55座隧道，占所调查隧道总数的98.2%，说明隧道工程是一种抗震性能比较好的交通建筑形式，对于震后生命线的畅通有着重要的意义。

4.1.12 汶川地震公路隧道震害特点

4.1.12.1 隧道震害整体特点

(1) Ⅵ度地震烈度区隧道均未破坏。

(2) Ⅹ度及Ⅹ度以下均存在没有发生震害的隧道。

(3) Ⅵ度以下隧道均没有发生隧道垮塌的严重震害。

(4) Ⅵ度地震烈度区内的隧道均受到不同程度的破坏。

(5) 按Ⅵ度设防(不设防)的隧道在地震烈度Ⅷ度及Ⅷ度以下时基本无震害(少数隧道出现轻微裂缝)。

(6) 按Ⅶ度设防的隧道在地震烈度Ⅵ～Ⅷ度时基本无震害(少数隧道出现轻微裂缝)，在地震烈度Ⅸ～Ⅹ度时出现了二次衬砌严重开裂和垮塌等严重震害，在地震烈度Ⅺ度时出现了隧道垮塌这样最为严重的震害。

(7) 同等烈度区内的隧道，软岩隧道震害比硬岩隧道震害严重很多。

4.1.12.2 断层破碎带段隧道结构震害特点

错动断层的隧道出现了二次衬砌垮塌、隧道垮塌等严重的震害类型；未错动断层隧道震害未出现二次衬砌垮塌、隧道垮塌等严重的震害类型，仅出现施工缝开裂，衬砌剥落、开裂、渗水等较轻的震害类型。

4.1.12.3 洞口结构震害特点

(1) 隧道边仰坡在地震烈度为Ⅷ度及Ⅷ度以下时无震害；在Ⅸ度及Ⅸ度以上区均出现崩塌和滑塌。

(2) 洞门结构在地震烈度为Ⅷ度及Ⅷ度以下时仅出现洞门墙帽石被落石砸坏的震害，在Ⅸ度时出现了洞门墙开裂的震害，在Ⅸ度以上区域隧道洞门墙均出现开裂震害，Ⅵ度区的龙洞子隧道和桃关隧道洞门出现了断裂震害。

(3) 明洞震害较轻，仅耿达隧道明洞被落石砸穿、桃关隧道明洞上方有落石堆积。

(4) 按Ⅶ度设防的隧道洞口段衬砌在地震烈度为Ⅷ度及Ⅷ度以下时震害较轻(少数隧道出现轻微裂缝)，未出现二次衬砌垮塌、隧道垮塌等严重震害；在地震烈度为Ⅸ～Ⅹ度时，出现了二次衬砌垮塌这样严重的震害类型，但未出现隧道垮塌；在地震烈度为Ⅺ度时，出现了隧道垮塌这样最为严重的震害类型。

(5)软岩隧道洞口浅埋段由于考虑了抗震设防,未出现二次衬砌垮塌这样严重的震害类型;软岩隧道洞口过渡段出现了二次衬砌垮塌这样严重的震害类型(龙溪隧道和酒家垭隧道)。

4.1.12.4 普通段隧道结构震害特点

施工中发生应力异常、变形侵限的衬砌段落,地震中出现了二次衬砌垮塌、隧道垮塌等严重震害。

4.2 隧道统计性易损性曲线

4.2.1 隧道整体经验型易损性曲线

隧道整体不同损伤状态下的经验型易损性曲线的均值和对数标准差如表4-24所示。

不同损伤状态下的统计型易损性模型的均值和对数标准差　　表4-24

方法一		轻微破坏	中等破坏	严重破坏	完全损毁
隧道整体	均值	1.90847	1.12649	10.5677	N
	对数标准差	0.2386	0.045	0.1966	N
方法二		轻微破坏	中等破坏	严重破坏	完全损毁
隧道整体	均值	0.9706	1.243	1.5743	N
	对数标准差	0.5838			

注:N代表未发生此种损伤状态。

根据表4-24中的计算数据作经验型易损性曲线,如图4-10、图4-11所示。

从图4-11中可以看出,当PGA达到0.6g时隧道整体才出现轻微破坏,当PGA>0.9g时,隧道整体才出现中度破坏和严重破坏,并且PGA=1g时,发生轻微破坏和中度破坏的概率都很小,发生严重破坏的概率更小,几乎接近于0。在汶川地震中没有完全损毁的隧道,说明隧道是一种抗震性能很好的工程建筑物。

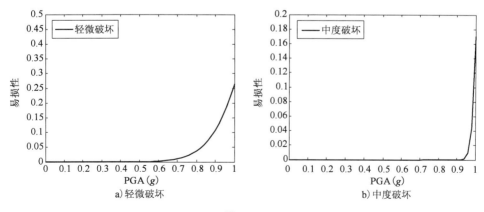

图 4-10

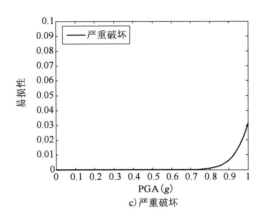

图 4-10 隧道整体易损性曲线(方法一)

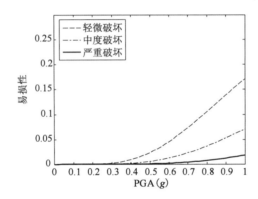

图 4-11 隧道整体易损性曲线(方法二)

4.2.2 洞口段隧道结构易损性曲线

隧道洞口段不同损伤状态下的经验型易损性曲线的均值和对数标准差如表 4-25 所示。

不同损伤状态下的统计型易损性模型的均值和对数标准差　　表 4-25

方法一		轻微破坏	中等破坏	严重破坏	完全损毁
洞口段	均值	1.34649	1.90847	N	N
	对数标准差	0.2072	0.1386	N	N
方法二		轻微破坏	中等破坏	严重破坏	完全损毁
洞口段	均值	0.9424	1.2510	N	N
	对数标准差	0.7270			

注:N 表示未发生此种损伤状态。

根据表 4-25 中的计算数据作经验型易损性曲线,如图 4-12、图 4-13 所示。

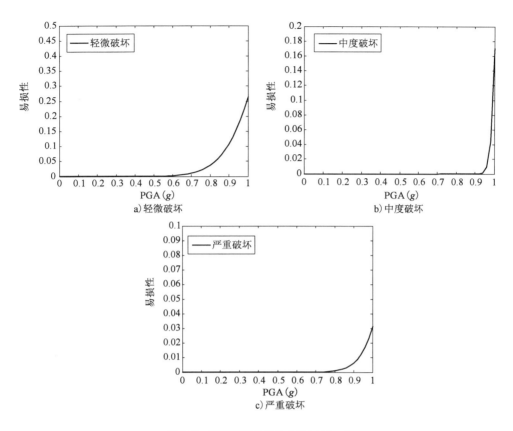

图 4-12 隧道整体易损性曲线(方法一)

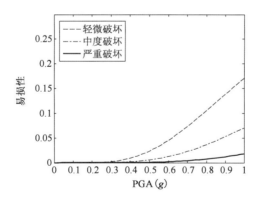

图 4-13 洞口段易损性曲线(方法二)

从图 4-13 中可以看出,当 PGA 达到 $0.6g$ 时隧道洞口段才出现轻微破坏,当 PGA 接近 $0.8g$ 时,隧道洞口段才出现中度破坏和严重破坏,并且 PGA $=1g$ 时,发生轻微破坏和中度破坏的概率都很小,发生严重破坏的概率更小,几乎接近于 0,汶川地震中没有完全损毁的隧道,说明隧道洞口段具有很好的抗震性能。

4.2.3 断层破碎带段隧道结构的易损性曲线

隧道破碎段不同损伤状态下的经验型易损性曲线的均值和对数标准差如表 4-26 所示。

不同损伤状态下的统计型易损性模型的均值和对数标准差 表 4-26

方法一		轻微破坏	中等破坏	严重破坏	完全损毁
破碎段	均值	1.46463	1.57391	1.78997	N
	对数标准差	0.2551	0.2357	0.0368	N
方法二		轻微破坏	中等破坏	严重破坏	完全损毁
破碎段	均值	1.0318	1.5145	2.5773	N
	对数标准差	0.8113			

注：N 表示未发生此种损伤状态。

根据表 4-26 中的计算数据作经验型易损性曲线，如图 4-14、图 4-15 所示。

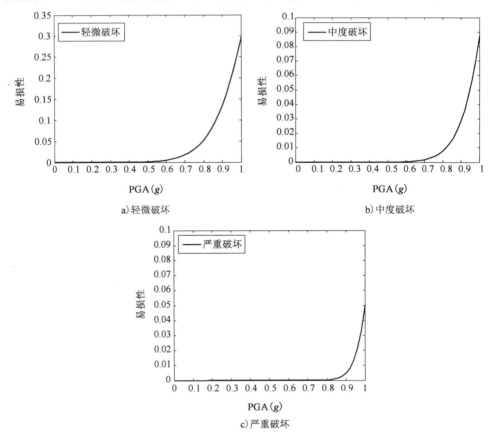

a) 轻微破坏
b) 中度破坏
c) 严重破坏

图 4-14 隧道断层破碎段易损性曲线（方法一）

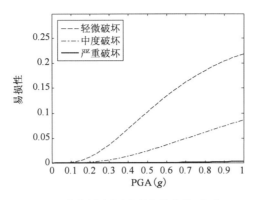

图 4-15　隧道断层破碎段易损性曲线(方法二)

从图 4-15 中可以看出,当 PGA 达到 $0.6g$ 时隧道断层破碎段才出现轻微破坏,当 PGA > $0.6g$ 时,隧道断层破碎段才出现中度破坏和严重破坏,并且 PGA = $1g$ 时,发生轻微破坏和中度破坏的概率都很小,发生严重破坏的概率更小,几乎接近于 0。汶川地震中没有完全损毁的隧道断层破碎段,说明隧道断层破碎段依然具有很好的抗震性能。

4.2.4　普通段隧道结构的易损性曲线

隧道普通段不同损伤状态下的经验型易损性曲线的均值和对数标准差如表 4-27 所示。

不同损伤状态下的统计型易损性模型的均值和对数标准差　　表 4-27

	方法一	轻微破坏	中等破坏	严重破坏	完全损毁
普通段	均值	1.61533	1.47391	1.47391	N
	对数标准差	0.1698	0.1357	0.1357	N
	方法二	轻微破坏	中等破坏	严重破坏	完全损毁
普通段	均值	0.9321	1.4989	2.613	N
	对数标准差	0.8393			

注:N 表示未发生此种损伤状态。

根据表 4-27 中的计算数据作经验型易损性曲线,如图 4-16、图 4-17 所示。

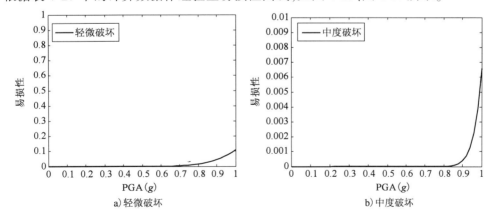

a) 轻微破坏　　　　　　　　b) 中度破坏

图 4-16

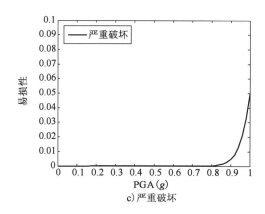

图 4-16 普通段隧道统计型易损性模型(方法一)

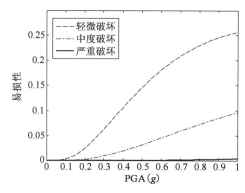

图 4-17 普通段隧道统计型易损性模型(方法二)

从图 4-17 中可以看出,当 PGA 达到 $0.7g$ 时隧道普通段才出现轻微破坏,当 PGA $> 0.8g$ 时隧道普通段才出现中度破坏和严重破坏,并且 PGA $= 1g$ 时,发生轻微破坏和中度破坏的概率都很小,发生严重破坏的概率更小,几乎接近于 0。汶川地震中没完全损毁的隧道普通段,说明隧道普通段具有很好的抗震性能。

4.3 隧道破坏概率矩阵法易损性曲线

4.3.1 破坏概率矩阵法易损性研究

矩阵法易损性研究是指通过建立工点破坏比与 PGA 值的数值矩阵,通过回归分析得到震害工点在相应各个破坏等级下的易损性曲线。

现场调查时采用 GPS 设备对震害工点的位置坐标进行了统计,采用 Zhao 模型计算出工点坐标的地表峰值加速度(PGA),并与该工点的震害等级对应,由此得到破坏工点所在位置处的 PGA 和相应震害等级。破坏概率矩阵法就是在此基础之上,将一定数量的工点分为一组,计算出该组中 PGA 的均值和各个破坏等级下的破坏概率,以此形成各组 PGA 与破坏概率的矩阵,最后采用回归分析方法得到易损性曲线。在调查得到隧道的损失比矩阵后,在今后类似的地震发生时就可以快速地估计地震灾区公路系统中隧道的震害损失。

本书调查了汶川地震中 18 条线路的 56 座隧道的震害资料,得到有详细震害资料的隧道 40 座,分析这 40 座隧道的震害调查资料,可以初步建立起汶川地震隧道破坏概率矩阵法易损性曲线,具体的建立方法如下:首先建立 40 个工点的 PGA 值与震害等级的一一对应关系,PGA 的计算按照第 2 章介绍的方法。将 40 个工点按 PGA 值由大到小均分为 4 组,每一组 10 个工点,统计每一组内的发生每一级破坏状态的概率以及每一组的 PGA 均值,建立起每一组 PGA 均值和本组内各级破坏状态的对应关系,通过回归分析得到汶川地震中隧道在不同的 PGA 值时不同破坏等级的易损性曲线。

4.3.2 隧道整体破坏概率矩阵法易损性曲线

隧道整体共有调查工点 40 个,经调查发现,隧道整体抗震效果比较好,其中发生轻微破坏和中度破坏的隧道有 39 个,只有 1 个隧道发生了严重破坏,因发生严重破坏的隧道很少,无法建立起易损性曲线,所以本书只建立隧道整体的轻微破坏和中度破坏的易损性曲线。将隧道按照上述的分组方法,每组 8 个样本,共分为 5 组,统计得到每一组的 PGA 均值和每一组内发生轻微破坏和中度破坏的概率,如表 4-28 所示。

隧道整体震害概率矩阵　　表 4-28

PGA 均值 (g)	不同震害等级下的整体破坏概率				
	A0	A	B	C	D
0.951	75%	10%	10%	0%	0%
0.773	75%	10%	10%	0%	0%
0.448	100%	0%	0%	0%	0%
0.223	100%	0%	0%	0%	0%

根据表 4-28 中的统计数据,回归分析得到汶川地震隧道整体的破坏概率矩阵法易损性曲线,如图 4-18 ~ 图 4-20 所示。

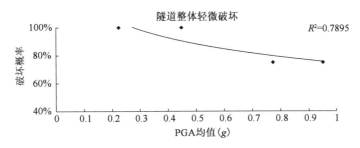

图 4-18　汶川地震隧道整体轻微破坏易损性曲线

为了检验易损性曲线的相关性,反映变量之间相关关系密切程度,计算曲线相关系数(R^2),见表 4-29 相关系数是按积差方法计算,以两变量与各自平均值的离差为基础,通过两个离差相乘来反映两变量之间的相关程度。一般可按三级划分:$R^2 < 0.4$ 为低度线性相关;$0.4 \leq R^2 < 0.7$ 为显著性相关;$0.7 \leq R^2 < 1$ 为高度线性相关。由于隧道的统计调查数据不

多,部分破坏概率矩阵法作出易损性曲线的相关性并不是很好,还有待在今后的研究中完善和补充。

隧道整体易损性曲线相关系数值(R^2) 表4-29

震害等级	A0级震害	A级震害	B级震害
R^2	0.7895	0.7895	0.7895

由于隧道的调查数据较少且离散性比较大,为了得到比较理想的易损性曲线,数据经过筛选之后作图,得到的易损性曲线的相关性比较好。如图4-18~图4-20所示。

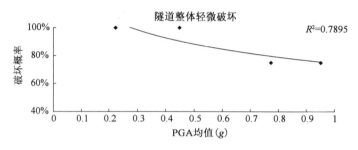

图4-19 汶川地震隧道整体轻微破坏易损性曲线

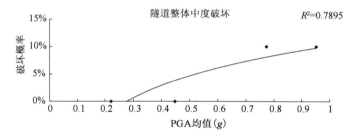

图4-20 汶川地震隧道整体中度破坏易损性曲线

4.3.3 断层破碎节段隧道破坏概率矩阵法易损性曲线

断层破碎节段隧道共有调查工点40个,经调查发现,断层破碎节段隧道仅发生了轻微破坏和中度破坏。将隧道按照上述的分组方法,每组8个样本,共分为5组,统计得到每一组的PGA均值和每一组内发生轻微破坏和中度破坏的概率,如表4-30、表4-31所示。

隧道断层破碎节段震害概率矩阵 表4-30

PGA均值 (g)	不同震害等级下的隧道破碎节段破坏概率矩阵		
	A0	A	B
0.950865	0	75%	12.5%
0.861955	12.5%	75%	12.5%
0.772872	37.5%	50%	0
0.447835	50%	50%	0
0.122538	87.5%	12.5%	0

第4章 隧道震害调查及易损性曲线建立

隧道断层破碎节段易损性曲线相关系数值(R^2)　　　　　表4-31

震害等级	A0级震害	A级震害	B级震害
R^2	0.9464	0.7759	0.7808

断层破碎节段隧道的调查数据比较理想,因此以此作出的易损性曲线的相关性比较好。

根据表4-30中的统计数据,回归分析得到汶川地震断层破碎节段隧道的破坏概率矩阵法易损性曲线,如图4-21~图4-23所示。

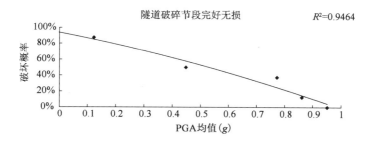

图4-21　汶川地震断层破碎节段隧道轻微破坏易损性曲线

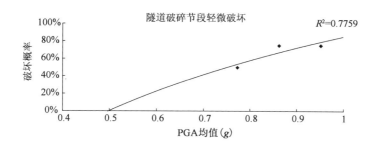

图4-22　汶川地震断层破碎节段隧道轻微破坏易损性曲线

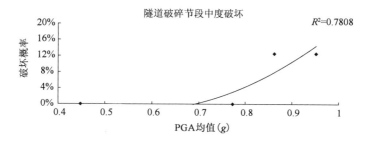

图4-23　汶川地震断层破碎节段隧道中度破坏易损性曲线

4.3.4　隧道洞口段破坏概率矩阵法易损性曲线

隧道洞口段共有调查工点40个,经调查发现,隧道洞口段也仅发生了轻微破坏和中度破坏。将隧道按照上述的分组方法,每组8个样本,分为5组,统计得每一组的PGA均值和每一组内发生轻微破坏和中度破坏的概率,如表4-32、表4-33所示。

隧道洞口段震害概率矩阵　　　　　　　　　　　　表4-32

PGA 均值 (g)	不同震害等级下的隧道洞口段破坏概率矩阵		
	A0	A	B
0.950865	0	62.5%	37.5%
0.861955	12.5%	75%	12.5%
0.772872	50%	25%	50%
0.447835	62.5%	12.5%	25%
0.122538	87.5%	12.5%	0

隧道洞口段易损性曲线相关系数值（R^2）　　　　　　　表4-33

震害等级	A0 级震害	A 级震害	B 级震害
R^2	0.9222	0.4792	0.4954

由于隧道的调查数据较少且离散性比较大，故隧道洞口段的易损性曲线的相关性并不是很理想。

根据表4-32中的统计数据，回归分析得到汶川地震隧道洞口段的破坏概率矩阵法易损性曲线，如图4-24～图4-26所示。

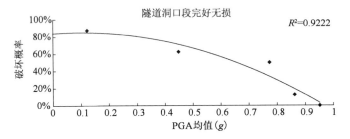

图4-24　汶川地震隧道洞口段轻微破坏易损性曲线

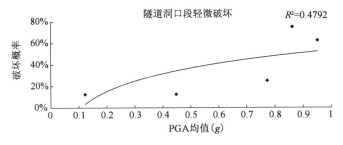

图4-25　汶川地震隧道洞口段轻微破坏易损性曲线

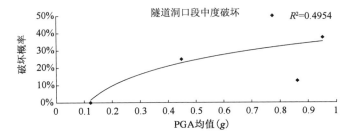

图4-26　汶川地震隧道洞口段中度破坏易损性曲线

4.3.5 隧道普通段破坏概率矩阵法易损性曲线

隧道普通段共有调查工点 40 个,经调查发现,隧道普通段也仅发生了轻微破坏和中度破坏。将隧道按照上述的分组方法,每组 8 个样本,共分为 5 组,统计得到每一组的 PGA 均值和每一组内发生轻微破坏和中度破坏的概率,如表 4-34、表 4-35 所示。

隧道普通段震害概率矩阵   表 4-34

PGA 均值 (g)	隧道普通段破坏概率矩阵			
	A0	A	B	C
0.950865	0	75%	25%	0
0.861955	12.5%	87.5%	0	0
0.772872	25%	62.5%	100%	12.5%
0.447835	75%	12.5%	12.5%	0
0.122538	87.5%	125%	0	0

隧道普通段易损性曲线相关系数值(R^2)   表 4-35

震害等级	A0 级震害	A 级震害	B 级震害
R^2	0.9916	0.6763	0.1514

由于隧道的调查数据较少且离散型比较大,故隧道普通段的易损性曲线的中度破坏易损性曲线的相关性并不是很理想。

根据上表中的统计数据,回归分析得到汶川地震隧道普通段的破坏概率矩阵法易损性曲线,如图 4-27~图 4-29 所示。

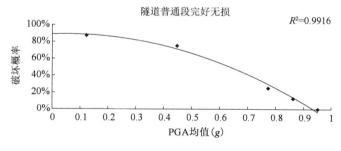

图 4-27　汶川地震隧道普通段轻微破坏易损性曲线

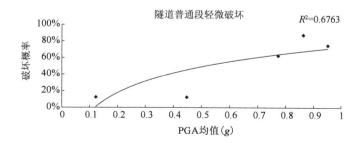

图 4-28　汶川地震隧道普通段轻微破坏易损性曲线

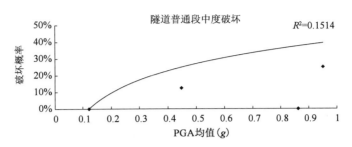

图 4-29 汶川地震隧道普通段中度破坏易损性曲线

4.4 本章小结

本章对汶川地震灾区的隧道震害做了详尽的介绍并基于调查数据建立了隧道的两种易损性模型。

从上面建立的易损性曲线中可以发现,隧道具有十分好的抗震性能,在调查的隧道中,几乎没有发生严重破坏的隧道,只有发生轻微破坏和中度破坏的隧道,并且发生这两种破坏状态的隧道占所有调查的隧道的比例也很小。

从作出的易损性曲线不难发现,由于隧道的调查数据较少,且数据的离散型比较大,所以作出的易损性曲线与实际调查数据的相关性不是很理想,但对于群体震害的快速估计也具有一定的参考价值。

第5章 损失比的确定以及损失的计算方法

5.1 已有损失比的确定方法

损失比指建筑物发生不同的损伤状态下修复或重建的费用与原造价之比。因为缺乏相关的调查数据和物价水平的差异,损失比的确定一直是一个难题,国内外很多学者根据经验提出了部分工程结构的损失比确定范围,但更加精确、全面的、可靠的损失比数据的确定需要科研工作者进一步的调查和研究。目前,国内外常用的损失比的确定方法有以下几种。

1)资料统计法

(1)调查地震中遭到破坏的工程结构的详细资料(例如设计资料、施工资料、预算资料等),基于当前价格,计算得到结构的重置单价。

(2)调查这些工程结构的详细震害情况(例如裂缝宽度、长度、条数等),利用破坏等级划分标准评定出对应的破坏等级。每个破坏等级都要调查足够数量的样本。

(3)向震后负责修复加固的有关单位调查修复情况。对于桥梁来说,如果条件允许,可以直接调查得到震后的修复费用。而对于路基和挡土墙来说,仅仅能得到震后的修复费用汇总结果,很难得到针对某一路段的修复费用。因此只能通过向专业人士调查不同破坏程度对应的修复措施及修复所需要的工程量,然后利用概预算知识计算得到修复单价。

(4)利用得到的修复单价除以重置单价就可得到一个样本的损失比。如果选取了足够数量的样本,就可以得到损失比的可靠均值。如果所选样本的破坏程度分布均匀的话,还可得到每个破坏等级对应损失比的最低值与最高值。

2)经验估计法

(1)根据破坏等级划分标准,设计地震损失比调查问卷。

(2)通过邮件等方式向国内有关的专家、施工建设单位及负责震后修复的有关单位发放调查问卷。请他们通过调查问卷给出的结构破坏情况,根据经验和相关资料考察其修复的措施和花费,并与重置单价相比后,给出不同破坏等级下结构的地震损失比的估计值。

(3)对调查问卷的结果赋予一定的权重系数。损失比估计结果受专家专业知识和经验水平的影响很大,因此,要对每个统计结果赋予不同的权重系数。权重系数可根据专家的职称和对该调查内容的经验水平来确定。

(4)根据给出的权重系数对问卷调查结果进行加权统计后即可得到各类结构的损失比范围。

3)界限状态估计法

(1)根据破坏等级划分标准的宏观描述,定义每个破坏等级的最轻破坏和最重破坏,界限破坏状态要具体给出构件的破坏数量和破坏程度。

（2）对工程结构的建造费用进行分类，分为用于承重构件的各项工程费用和用于非承重构件的各项工程费用。调查统计得到用于这两种构件的费用占总费用的比例。

（3）根据修复与加固技术估计出承重构件不同破坏程度时的修复费用占构件费用的比例。

对比以上三种方法，损失比都是基于一定的资料统计和经验估计得出。资料统计法是最直接也是最准确的，得到的结果最具有说服力，但由于要统计大量的资料而变得不容易操作，且资料难于收集，有关单位不配合等都会导致无法得到损失比；经验估计法受专家主观因素的影响太重，结果不太准确，但它是最容易得到损失比的方法；界限状态估计法主要适用于结构体系分明的结构（如梁式桥），只要给出的界限破坏状态和构件修复比合理，应该能得到比较合理的损失比范围。

5.1.1 路基损失比

《地震现场工作 第 4 部分 灾害直接损失评估》（GB/T 18208.4—2011）给出了公路中部分工程结构的地震损失比，见表 5-1。由于本书未收集到确定路基损失比的足够资料，因此，直接引用表 5-1 给出的挡土墙损失比作为本书路基损失比取值。

公路系统工程结构破坏损失比（%）　　　　表 5-1

类 别		破 坏 等 级				
		基本完好	轻微破坏	中等破坏	严重破坏	毁坏
挡土墙 桥梁、隧道	范围(%)	0~10	11~20	21~40	41~70	71~100
	中值(%)	5	16	31	56	86

5.1.2 梁式桥损失比

根据学者蒙云给出的桥梁承重构件修复技术与经济要求，估算得到承重构件的修复费用比，如表 5-2 所示。

承重构件的修复费用比　　　　表 5-2

承重构件破坏程度	修复费用占构件重置费用比例(%)
轻微破损	10
中等破损	20
严重损坏	80
完全损毁	100

将梁式桥的造价分成用于承重构件（如梁体、支座、墩台、基础等）的各项工程费用和用于其他构件（如桥面系、伸缩缝、护栏、护坡等）的各项工程费用。工程费用是指材料费、人工费、机械费等分项费用。本书统计了四座梁式桥的造价资料后得到用于承重构件的费用占桥梁总造价的 80.375%，用于非承重构件的占 19.625%，见表 5-3，为了方便计算分别取为 80% 和 20%。

承重构件与非承重构件占总造价的比例 表 5-3

桥　　名	桥梁总造价(元)	承重构件费用/比例	非承重构件费用/比例
秦家沟大桥	1257274	1022473/81.3%	234801/18.7%
坝梁桥	1803804	1439593/79.8%	364211/20.2%
小克朗河桥	1122117	867377/77.3%	254740/22.7%
某城市桥梁	1386282	1152015/83.1%	234266/16.9%
各类构件所占平均比例		80.375%	19.625%

根据梁式桥破坏等级划分标准的描述,将桥梁各破坏等级分成最轻和最重两种破坏状态。具体见表5-4。

梁式桥各破坏等级的界限破坏状态 表 5-4

破坏等级	界限破坏状态	破　坏　描　述
基本完好	最轻	无破坏
	最重	10%的承重构件轻微破坏,20%非承重构件破坏
轻微破坏	最轻	10%的承重构件轻微破坏,20%非承重构件破坏
	最重	50%的承重构件轻微破坏,10%的承重构件中等破坏,40%非承重构件破坏
中等破坏	最轻	10%的承重构件发生中等破坏,50%的承重构件轻微破坏,40%非承重构件破坏
	最重	50%的承重构件中等破坏,10%的承重构件严重破坏,80%非承重构件毁坏
严重破坏	最轻	10%的承重构件严重破坏,50%的承重构件中等破坏,80%非承重构件毁坏
	最重	50%的承重构件严重破坏,10%的承重构件完全失效,100%非承重构件毁坏
完全毁坏	最轻	50%的承重构件完全失效,50%的承重构件严重破坏,100%非承重构件毁坏
	最重	100%承重构件完全失效,100%非承重构件毁坏

计算梁式桥不同破坏等级对应的损失比,见表5-5。设梁式桥总造价为 a,则用于承重构件造价为 $0.8a$,用于非承重构件造价为 $0.2a$。将计算数据取整后得到梁式桥的损失比,见表5-6。

梁式桥各破坏等对应损失比的计算 表 5-5

破坏等级	破坏程度	损失比计算
基本完好	最轻	0
	最重	$(0.1 \times 0.1 \times 0.8a + 0.2a \times 0.2)/a = 4.8\%$
轻微破坏	最轻	$(0.1 \times 0.1 \times 0.8a + 0.2a \times 0.2)/a = 4.8\%$
	最重	$[(0.5 \times 0.1 + 0.1 \times 0.2) \times 0.8a + 0.2a \times 0.4]/a = 13.6\%$

续上表

破 坏 等 级	破坏程度	损失比计算
中等破坏	最轻	$[(0.5 \times 0.1 + 0.1 \times 0.2) \times 0.8a + 0.2a \times 0.4]/a = 13.6\%$
	最重	$[(0.5 \times 0.2 + 0.1 \times 0.8) \times 0.8a + 0.2a]/a = 34.4\%$
严重破坏	最轻	$[(0.1 \times 0.8 + 0.5 \times 0.2) \times 0.8a + 0.2a]/a = 34.4\%$
	最重	$[(0.5 \times 0.8 + 0.1 \times 1) \times 0.8a + 0.2a]/a = 60\%$
完全毁坏	最轻	$[(0.5 \times 1 + 0.5 \times 0.8) \times 0.8a + 0.2a]/a = 92\%$
	最重	$(1 \times 1 \times 0.8a + 1 \times 0.2a)/a = 100\%$

梁式桥损失比（%） 表 5-6

破坏等级	基本完好	轻微破坏	中等破坏	严重破坏	毁坏
损失比范围	0～5	6～14	15～35	36～76	77～100
中值	3	10	25	56	89

5.1.3 拱桥和隧道损失比

（1）本书采用了问卷调查的方式确定拱桥和隧道的损失比取值。中国地震局工程力学研究所首先根据书之前给出的破坏等级划分来设计损失比调查问卷，然后通过邮件和论坛提问的形式向科研单位、高校、设计院和桥隧论坛的专业人士进行问卷调查，请他们根据书之前提出的拱桥和隧道破坏等级划分标准，估计不同破坏等级对应的地震损失比范围，剔除明显不合理的结果后，共整理出20份拱桥和30份隧道的问卷调查结果，见表5-8、表5-9。

（2）赋予问卷调查结果权重系数。根据专家的职称和对该调查内容的经验水平确定了相应的权重值，见表5-7。利用表5-7给出的内容可以确定参与本次调查的专家的权重系数，见表5-10、表5-11。

专家经验权重值 表 5-7

编号	职称及经验水平	权 重 值
1	正高级及以上职称且在该领域经验丰富者	9～10
2	正高级及以上职称且在该领域经验比较丰富者	7～8
3	正高级及以上职称且在该领域经验缺乏者	5～6
4	中级职称且在该领域经验比较丰富者	6～7
5	中级及以下职称且在该领域经验比较丰富者	5～7
6	中级及以下职称且在该领域经验比较缺乏者	5以下

拱桥损失比估计值（%） 表 5-8

专家编号	基本完好		轻微破坏		中等破坏		严重破坏		毁坏	
	最低	最高	最低	最高	最低	最高	最低	最高	最低	最高
1	0	8	9	15	16	40	41	80	81	100
2	0	5	6	20	21	40	41	90	91	100
3	0	8	9	20	21	30	31	80	81	100

续上表

专家编号	基本完好		轻微破坏		中等破坏		严重破坏		毁 坏	
	最低	最高	最低	最高	最低	最高	最低	最高	最低	最高
4	0	9	10	15	16	35	36	70	71	100
5	0	10	11	15	16	35	36	75	76	100
6	0	5	6	12	13	40	41	80	81	100
7	0	5	6	16	17	45	46	75	76	100
8	0	6	7	18	19	40	41	70	71	100
9	0	8	9	18	19	45	46	85	86	100
10	0	10	11	20	21	35	36	80	81	100
11	0	5	6	15	16	35	36	85	86	100
12	0	5	6	15	16	38	39	80	81	100
13	0	5	6	10	11	36	37	80	81	100
14	0	10	11	16	17	38	39	90	91	100
15	0	8	9	18	19	34	35	75	76	100
16	0	8	9	18	19	30	31	70	71	100
17	0	8	9	20	21	35	36	75	76	100
18	0	5	6	15	16	40	41	75	76	100
19	0	5	6	16	17	45	46	75	76	100
20	0	6	7	15	16	40	41	70	71	100

隧道损失比估计值（%） 表5-9

专家编号	基本完好		轻微破坏		中等破坏		严重破坏		毁 坏	
	最低	最高	最低	最高	最低	最高	最低	最高	最低	最高
1	0	8	9	15	16	35	36	75	76	100
2	0	6	7	18	19	40	41	70	71	100
3	0	10	11	16	17	35	36	60	61	100
4	0	5	6	10	11	38	39	65	66	100
5	0	7	8	10	11	30	31	65	66	100
6	0	3	4	19	20	40	41	70	71	100
7	0	5	6	20	21	35	36	75	76	100
8	0	7	8	17	18	32	33	65	66	100
9	0	3	4	16	17	30	31	60	61	100
10	0	6	7	18	19	35	36	65	66	100
11	0	6	7	15	16	32	33	70	71	100
12	0	6	7	15	16	30	31	80	81	100
13	0	5	6	20	21	35	36	80	81	100
14	0	6	7	16	17	38	39	75	76	100

续上表

专家编号	基本完好		轻微破坏		中等破坏		严重破坏		毁坏	
	最低	最高	最低	最高	最低	最高	最低	最高	最低	最高
15	0	6	7	15	16	40	41	75	76	100
16	0	8	9	16	17	35	36	70	71	100
17	0	5	6	14	15	33	34	60	61	100
18	0	8	9	20	21	29	30	80	81	100
19	0	8	9	12	13	40	41	80	81	100
20	0	8	9	20	21	40	41	80	81	100
21	0	8	9	16	17	35	36	80	81	100
22	0	7	8	15	16	35	36	75	76	100
23	0	10	11	15	16	30	31	75	76	100
24	0	9	10	17	18	38	39	80	81	100
25	0	9	10	18	19	40	41	70	71	100
26	0	6	7	14	15	35	36	72	73	100
27	0	7	8	16	17	35	36	73	74	100
28	0	8	9	17	18	36	37	75	76	100
29	0	8	9	16	17	38	39	74	75	100
30	0	7	8	18	19	32	33	75	76	100

桥梁专家经验水平与权重系数　　　　　　表5-10

编号	经验水平	权重系数
1	9	0.066176
2	9	0.066176
3	8	0.058824
4	8	0.058824
5	9	0.066176
6	7	0.051471
7	7	0.051471
8	8	0.058824
9	7	0.051471
10	6	0.044118
11	6	0.044118
12	7	0.051471
13	7	0.051471
14	6	0.044118
15	6	0.044118
16	6	0.044118

续上表

编 号	经验水平	权重系数
17	5	0.036765
18	5	0.036765
19	5	0.036765
20	5	0.036765
合计	136	1

隧道专家经验水平与权重系数 表5-11

编 号	经验水平	权重系数
1	9	0.046392
2	9	0.046392
3	8	0.041237
4	7	0.036082
5	9	0.046392
6	6	0.030928
7	5	0.025773
8	5	0.025773
9	8	0.041237
10	6	0.030928
11	8	0.041237
12	9	0.046392
13	5	0.025773
14	5	0.025773
15	6	0.030928
16	8	0.041237
17	8	0.041237
18	6	0.030928
19	9	0.046392
20	5	0.025773
21	4	0.020619
22	6	0.030928
23	8	0.041237
24	6	0.030928
25	5	0.025773
26	5	0.025773
27	4	0.020619
28	4	0.020619

续上表

编　号	经验水平	权重系数
29	5	0.025773
30	6	0.030928
合计	194	1

（3）对问卷调查结果进行加权统计后得到了各破坏等级对应的损失比估计值，见表 5-12 和表 5-13。取整后得最终的隧道损失比范围，见表 5-14 和表 5-15。

拱桥损失比加权平均值（%）　　　　表 5-12

破坏等级	界限状态	加权平均值
基本完好	最低值	0
	最高值	7.007353
轻微破坏	最低值	8.007353
	最高值	16.34559
中等破坏	最低值	17.34559
	最高值	37.75735
严重破坏	最低值	38.75735
	最高值	78.23529
毁坏	最低值	79.23529
	最高值	100

隧道损失比加权平均值（%）　　　　表 5-13

破坏等级	界限状态	加权平均值
基本完好	最低值	0
	最高值	6.824742
轻微破坏	最低值	7.824742
	最高值	15.81959
中等破坏	最低值	16.81959
	最高值	34.96907
严重破坏	最低值	35.96907
	最高值	71.81443
毁坏	最低值	72.81443
	最高值	100

拱桥损失比建议取值（%）　　　　表 5-14

破坏等级	基本完好	轻微破坏	中等破坏	严重破坏	毁坏
损失比范围	0～7	8～16	17～38	39～78	79～100
中值	4	12	28	59	90

第5章 损失比的确定以及损失的计算方法

隧道损失比建议取值(%) 表 5-15

破坏等级	基本完好	轻微破坏	中等破坏	严重破坏	毁坏
损失比范围	0~7	8~16	17~35	36~72	73~100
中值	4	12	26	55	87

另外,西日本铁路公司(West Japan Railway Company)的 Nobuhiko Shiraki、Masanobu Shinozuka 等人在其研究成果中指出,桥梁的损失比可以取表 5-16 中所列的数据。

西日本铁路公司建议桥梁损失比 表 5-16

破坏等级	基本完好	轻微破坏	中度破坏	严重破坏	完全损毁
桥梁损失比	0	10%	30%	75%	100%

对于桥梁的损失比,也有学者提出这样的损失比确定方法,见表 5-17。

部分学者建议的损失比 表 5-17

破坏状态	损失比取值范围	均 值
基本完好	0	0
轻微破坏	1%~3%	2%
中度破坏	2%~15%	8%
严重破坏	10%~40%	25%
完全损毁	10%~100%	$2/n$(小于1)

注:n 表示桥梁主体结构的跨数。

根据《地震现场工作 第4部分:灾害直接损失评估》(GB/T 18208.4—2005),其中提到生命线系统的工程结构损失可按照重置造价乘以损失比来计算,并给出了部分生命线工程结构的破坏损失比,其中就包括了公路路基中的路堤和挡土墙结构以及桥梁,另外,隧道和路基边坡可以参照以上几种结构的损失比。另外还规定了铁路、道路的损失宜按单位长度重置造价乘以绝对破坏长度。而绝对破坏长度的取值根据震后损失调查的结果而定。如表 5-18 所示。

部分生命线系统工程结构破坏损失比(%) 表 5-18

名 称	破坏等级				
	基本完好	轻微破坏	中度破坏	严重破坏	完全损毁
桥梁	0~10	11~20	21~40	41~70	71~100
铁路、公路路堤	0~10	11~20	21~50	51~70	NA
挡土墙	0~10	11~20	21~50	51~70	71~100
取水水结构	0~4	5~8	9~35	36~70	71~100
烟囱、水塔	0~4	5~8	9~35	36~70	71~100

注:NA 表示没有调查统计的数据。

5.1.4 损失比对比

《地震现场工作 第4部分:灾害直接损失评估》(GB/T 18208.4—2011)给出的公路、挡土墙、桥梁和隧道损失取值相同。本书分别给出了梁式桥、拱桥和隧道各自的损失比取值,相对 GB/T 18208.4—2011 来说更具有针对性。表 5-19 是本书损失比中值与规范 GB/T 18208.4—2011 损失比中值的对比,可以看出,取值从总体上来说比较接近,但不同结构在相同破坏等级的损失比取值有所不同。例如:拱桥的损失比总体上高于梁式桥,这与拱桥修复难度大于梁式桥的事实相符;各类结构基本完好、轻微破坏和中等破坏的损失比值都轻于规范 GB/T 18208.4—2011,毁坏的损失比取值重于规范 GB/T 18208.4—2011。

本书与规范 GB/T 18208.4—2011 损失比中值对比(%) 表 5-19

结构类型	基本完好	轻微破坏	中等破坏	严重破坏	毁坏
梁式桥	3	10	25	56	89
拱桥	4	12	28	59	90
隧道	4	12	26	55	87

5.2 汶川地震损失比确定方法

在汶川地震发生之后的震区公路震害调查的过程中,选取典型震害的工点,进行震损评估,将现场调查资料汇给四川省交通运输厅公路规划勘察设计研究院经验丰富的工程师,根据工点所在线路的设计资料确定工点建筑物的原造价,根据工程师的经验确定工点建筑物的修复费用,考虑物价因素,进而得到汶川地震中各类建筑物的损失比,这些建筑物主要包括隧道、拱桥、梁式桥、挡土墙、路基、边坡支护结构。各类建筑物的损失比数值采用所有调查工点同类破坏等级的损失比均值。现将统计后的损失比数据汇总,见表 5-20。

四川省交通运输厅公路规划勘察设计研究院确定的损失比 表 5-20

隧 道		拱 桥		梁 式 桥		挡 土 墙		路 基		边 坡	
完好	5%	完好	5%	完好	5%	完好	5%	完好	5%	完好	5%
轻微	19%	轻微	27%	轻微	20%	轻微	14%	轻微	19%	轻微	30%
中度	40%	中度	47%	中度	22%	中度	32%	中度	47%	中度	37%
严重	71%	严重	65%	严重	45%	严重	83%	严重	63%	严重	80%
损毁	100%	损毁	100%	损毁	100%	损毁	100%	损毁	100%	损毁	100%

5.3 经济损失的估算方法

一条线路的桥梁、路基、隧道震害损失等于各个桥梁、路基、隧道的损失之和,每个桥梁、路基、隧道整体的损失等于桥梁、路基、隧道整体的破坏量乘以损失比,而其破坏量等于相应工程结构现在的造价乘以每一级破坏状态所对应的损失比,再累计求和。具体的计算公式为:

$$S = \gamma \sum Z \cdot P(E_i) \cdot H_i \quad (i = 1,2,3,4) \tag{5-1}$$

式中:S——桥梁、路基、隧道总损失;

Z——现在建造相同的桥梁、路基、隧道结构的造价;

$P(E_i)$——发生 E_i 破坏状态的概率,E_1、E_2、E_3、E_4 分别代表了"轻微破坏""中等破坏""严重破坏""完全损毁"四种损伤状态;

H_i——损失比;

γ——考虑未估计到因素影响的系数,可取 1.0~1.3。

5.4 算　　例

为演示如何利用本书中的易损性模型快速地估算震害损失,以距离汶川地震发震断裂(龙门山中央断裂)较近的都(江堰)映(秀)高速公路为例,进行汶川地震隧道震害快速估算。都映高速公路共有四座隧道在汶川地震中发生不同程度的破坏,各隧道具体情况如表 5-21 所示。为简化算例,本书只估算都汶高速公路四座隧道的整体震害损失,隧道其他段或其他线路的估算方法与之类似。根据本书建立的易损性模型计算出四个隧道整体发生各种破坏状态的概率(即破坏比),如表 5-22 所示。

都映高速公路受损隧道一览表　　表 5-21

编号	名　　称	与发震断裂垂直距离(km)	PGA
1	紫坪铺隧道	10.5	0.251
2	龙洞子隧道	4.6	0.302
3	龙溪隧道	1.6	0.336
4	烧火坪隧道	0.54	0.349

隧道整体发生各种破坏状态的概率　　表 5-22

名称	紫坪铺隧道				龙洞子隧道			
等级	完好	轻微	中度	严重	完好	轻微	中度	严重
概率	0.9992	0.0007	0.0001	0.0000	0.9977	0.0019	0.0004	0.0000
名称	龙溪隧道				烧火坪隧道			
等级	完好	轻微	中度	严重	完好	轻微	中度	严重
概率	0.9960	0.0033	0.0007	0.0000	0.9952	0.0040	0.0008	0.0000

一条线路的隧道震害损失等于各个隧道的损失之和,每个隧道整体的损失等于隧道整体破坏比乘以损失比。计算公式为:

$$S = \gamma \sum Z \cdot P(E_i) \cdot H_i \quad (i=1,2,3,4,5) \tag{5-2}$$

式中:S——隧道总损失;

Z——隧道原造价;

$P(E_i)$——发生 E_i 破坏状态的概率,E_1、E_2、E_3、E_4 分别代表了"轻微破坏""中等破坏""严重破坏""完全损毁"四种损伤状态;

H_i——损失比;

γ——考虑未估计到因素影响的系数,本次计算取值为 1。

损失比指建筑物发生不同的损伤状态下修复或重建的费用与原造价之比。各隧道原造价和各个损坏状态的损失比及具体的估算结果见表 5-23。

汶川地震中都汶高速公路隧道损失估算　　　　　　表 5-23

名称	原造价（万元）	损失比					损失（万元）	合计（万元）
		基本完好	轻微破坏	中度破坏	严重破坏	完全损毁		
紫坪铺	23000	0.05	0.20	0.40	0.80	1.00	1151.62	2810.36
龙洞子	6100	0.05	0.20	0.40	0.80	1.00	317.14	
龙溪	22000	0.05	0.20	0.40	0.80	1.00	1192.89	
烧火坪	2700	0.05	0.20	0.40	0.80	1.00	148.71	

注：原造价为初步估算。

按照这个方法我们就可以快速估算都汶高速公路隧道的总共损失为 2810.36 万元。按照这样的方法进一步推广应用于桥梁、路基等公路工程，便可在地震发生后较快地估算出某一个区域公路的地震损失。本算例使用的是双参数的对数正态分布函数法易损性曲线进行的震害快速估计，利用破坏概率矩阵法易损性模型进行震害快速估计的方法与之类似。

5.5　本章小结

本章介绍了确定地震损失比的三种方法及其适用范围。引用规范《地震现场工作　第 4 部分：灾害直接损失评估》GB/T 18208.4—2011 给出的公路和挡土墙损失比取值作为本书路基和挡土墙的损失比取值；分别采用界限破坏状态估计法和问卷调查方法确定了梁式桥、拱桥和隧道的地震损失比，并与规范《地震现场工作　第 4 部分：灾害直接损失评估》（GB/T 18208.4—2011）的损失比做了对比分析。本章还对震害的计算方法做了详尽的介绍。

第6章 公路震害损失评估软件编制

6.1 软件介绍

本书依据研究提出的公路震害损失评估软件是一款基于VB6.0开发的软件(软件著作权号:2013SR027272),软件的内置计算的依据是地震行业科研专项(大震生命线工程震害损失评估新方法研究)的研究成果,期望通过此软件的开发,在震后能准确快速方便地进行震害评估,为抢险救灾和震后重建赢得宝贵的时间。

本软件的计算流程图如图6-1所示。

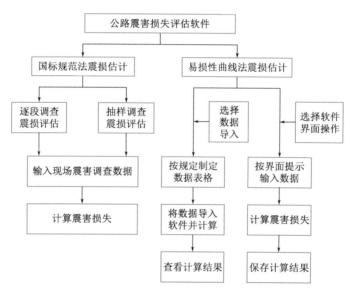

图6-1 软件计算流程图

6.2 软件操作指南

本软件的震害评估包括"国标规范法"震损评估和"易损性曲线法"震损评估。其中,"国标规范法"震损评估的依据是《地震现场工作 第4部分:灾害直接损失评估》(GB/T 18208.4—2005)中规定的震损评估方法。"易损性曲线法"震损评估方法的依据是基于大量汶川地震震后调查数据分析建立的易损性模型,包括经验法和概率矩阵法两种易损性模型,相应的,"易损性曲线法"震损评估结果有经验法和概率法两种。本软件也计算了这两种方法的均值,考虑到两种方法各自由各自的优缺点,建议最终的震损值采用均值,或是采用由两者确定的数值区间。

本软件无须安装,直接双击打开即可进入计算界面,如图6-2所示。点击相应的计算按钮,便可以分别进入"国标规范法"震损评估和"易损性曲线法"震损评估。点击"退出",便关闭软件,退出震损评估。

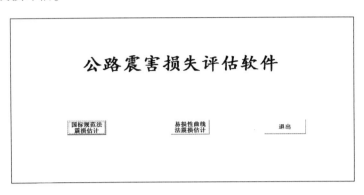

图 6-2　软件首界面

6.2.1 "国标规范法"震损评估

进入"国标规范法"震损评估界面,如图 6-3 所示,请先认真阅读注意事项。点击"打开统计 EXCEL"按钮,将打开安装目录下的"国标规范法震害估计.xls",按照国标《地震现场工作　第 4 部分:灾害直接损失评估》(GB/T 18208.4—2005)中的规定已经整理好的现场调查数据输入"国标规范法震害估计.xls"中相应的位置,EXCEL 表格的 G 列将显示计算得到的震损数据。值得注意的是,EXCEL 表格中现在能够计算 50 处工点的震害损失,如果统计的工点超过了 50 项,请使用 EXCEL 公式下拉的方式增加工点的计算个数。

图 6-3　国标规范法震损估计界面

由于开展野外调查时,若时间充足,可以对整个区域的全部线路展开调查;若时间紧急,则也可能选择部分路段进行抽样调查。因此,针对以上两种情况,在国标规范法震损评估中,若要获得整个区域的震害损失,则有两种不同的震害调查表格,分别为"逐段调查震损评估表格"和"抽样调查震损评估表格"。两种表格的使用分别介绍如下。

6.2.1.1 逐段进行震害调查

认真阅读注意事项之后,点击"逐段调查震损评估表格",弹出如图 6-4 所示的 EXCEL 表格。

第 6 章　公路震害损失评估软件编制

图 6-4　逐段调查震损评估表格示意图

如图 6-4 中示例数据所示,具体含义为:××大桥的规模为 100m,考虑物价因素,折算成现在的造价为 10 万元/m,经现场调查,此座桥梁的损失比为 0.2(即震后修复至震前功能水平需要 200 万元的资金),另外,该桥梁的附属设施的损失值为 10 万元,根据计算公式,此座桥梁的震损值为 210 万元,计算过程为:100×10×0.2+10=210(万元)。

完成数据的录入之后,保存,也可另存为其他路径,关闭 EXCEL 表格,返回主界面。

6.2.1.2 抽样进行震害调查

点击"抽样调查震损评估表格",打开如图 6-5 所示的表格。抽样调查表格分为桥梁、路基及隧道三个部分,通过现场抽样调查,获得平均每千米内桥梁、路基和隧道发生震害的长度,乘以线路的长度,得到整个线路发生破坏的绝对长度,最终得到整个区域内桥梁、路基和隧道总的震害损失。

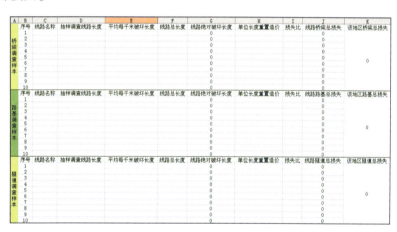

图 6-5　抽样调查震损评估表格示意图

完成数据的录入之后,保存,也可另存为其他路径,关闭 EXCEL 表格,返回主界面。

6.2.2 "易损性曲线法震损估计"

"易损性曲线法震损估计"软件主要包括以下三步计算:评估工点 PGA 估算;工点破坏比计算;结合不同类别结构的损失比计算工点的震害损失。现将每一步计算该软件内置的计算公式陈述如下。

1) PGA 估算

PGA 的计算采用 1.7 节中式(1-15)、式(1-16)进行计算,式中各参数含义参见 1.7 节。

$$\ln(y_{i,j}) = aM_{wi} + bX_{i,j} - \ln(r_{i,j}) + e(h-h_c)\delta_h + F_R + S_I + S_S + S_{SL}\ln(X_{i,j}) + C_K + \zeta_{i,j} + \eta_i$$

$$r_{i,j} = X_{i,j} + c\exp(dM_{w,j})$$

2)工点破坏比计算

(1)经验法破坏比计算公式

计算软件中经验法即指本书前述的统计型易损性模型,结合统计型易损性模型方法一的缺陷,软件中内置计算公式采用方法二得到的计算参数,不同等级破坏比计算公式如下:

$$P_{i1} = P(a_i, E_1) = 1 - F_1(a_i, c_1, \zeta)$$
$$P_{i2} = P(a_i, E_2) = F_1(a_i, c_1, \zeta) - F_2(a_i, c_2, \zeta)$$
$$P_{i3} = P(a_i, E_3) = F_2(a_i, c_2, \zeta) - F_3(a_i, c_3, \zeta)$$
$$P_{i4} = P(a_i, E_4) = F_3(a_i, c_3, \zeta) - F_4(a_i, c_4, \zeta)$$
$$P_{i5} = P(a_i, E_5) = F_4(a_i, c_4, \zeta)$$

其中,c_j 和 ζ_j 是"基本完好""轻微破坏""中等破坏""严重破坏""完全损毁"损伤状态(相应定义为 $j=1,2,3,4,5$)所对应易损性曲线的均值和对数标准差,依据假设对数标准差对所有易损性曲线取值均为常数 ζ,上式中函数 $F(x)$ 的表达式如下:

$$F_j(a_i, c_j, \zeta_j) = \Phi\left[\frac{\ln(a_i/c_j)}{\zeta_j}\right]$$

软件内置公式中,上式中各个参数的值如表 6-1 所示。

经验法软件内置计算公式参数表　　　　　　　　　　　表 6-1

类　型	均　值 c_j				对数标准差 ζ_j
	轻微破坏	中等破坏	严重破坏	完全损毁	
简支梁桥	0.3780	0.5346	0.9502	1.2141	0.6482
连续梁桥	0.0436	0.4304	0.8407	1.1010	0.5445
钢筋混凝土拱桥	0.2088	0.3709	0.8909	3.1654	0.4842
圬工拱桥	0.4068	0.6086	0.8986	2.1066	1.0000
路基	0.1410	0.4090	0.7040	0.9870	0.5050
隧道	0.9706	1.2430	1.5743	NA	0.5838

注:表中 NA 表示无数据。

(2)概率矩阵法

概率矩阵法得到的各个等级的破坏比计算公式如表 6-2 所示。

概率矩阵法软件内置计算公式　　　　　　　　　　　表 6-2

类　型	破坏程度	破坏比计算公式
简支梁桥	轻微破坏	$y = -0.5238x^2 + 0.969x - 0.2004$
	中度破坏	$y = 0.1007\ln x + 0.3537$
	严重破坏	$y = -0.131x^2 + 0.4x - 0.1035$
	完全损毁	$y = 0.4643x^2 - 0.0048x - 0.0587$
连续梁桥	轻微破坏	$y = 0.4983\ln x + 0.6479$
	中度破坏	$y = 0.1952\ln x + 0.2276$
	严重破坏	$y = 0.179\ln x + 0.1672$
	完全损毁	$y = 0.179\ln x + 0.1672$

续上表

类　　型	破坏程度	破坏比计算公式
钢筋混凝土拱桥	轻微破坏	$y = 0.131x^2 + 0.0429x + 0.0528$
	中度破坏	$y = -0.381x^2 + 0.7333x + 0.0196$
	严重破坏	$y = 0.1232\ln x + 0.3359$
	完全损毁	$y = 0.04\ln x + 0.0963$
圬工拱桥	轻微破坏	$y = 0.1264\ln x + 0.2278$
	中度破坏	$y = 0.1066\ln x + 0.2635$
	严重破坏	$y = 0.3763\ln x + 0.4391$
	完全损毁	$y = 0.0857\ln x + 0.0898$
路基	轻微破坏	$y = 0.2843\ln x + 0.2568$
	中度破坏	$y = 0.2443\ln x + 0.2381$
	严重破坏	$y = 0.2634\ln x + 0.1884$
	完全损毁	$y = 0.1229\ln x + 0.0966$
隧道	轻微破坏	$y = 0.079\ln x + 0.1016$
	中度破坏	$y = 0.079\ln x + 0.1016$
	严重破坏	N
	完全损毁	N

注：表中 NA 表示无数据

3) 损失比计算

本软件内置的损失比采用上文中表 5-20 所示的损失比数据。

点击"易损性曲线法震损估计"，进入软件操作界面，如图 6-6 所示。

图 6-6　软件易损性曲线法震损估计界面

进入"易损性曲线法震损估计"界面，可以选择导入 EXCEL 表格进行计算，也可以在软件操作界面上输入数据进行计算。

6.2.2.1 选择导入 EXCEL 进行计算

1)桥梁的数据导入和计算

在界面右上角的数据导入和计算按钮如图 6-7 所示,其功能分别为进行桥梁、路基和隧道的数据导入和计算并保存。下面以桥梁数据导入和计算为例介绍具体的数据导入和计算方法。

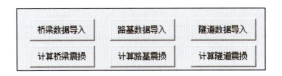

图 6-7 易损性曲线法中的数据导入命令按钮

(1)在进行数据导入和计算之前,请将数据输入任一新建 EXCEL 表格,具体输入的格式为:A 列为序号,B 列为场地类型。其中,0 代表硬岩场地,1 代表Ⅰ类场地,2 代表Ⅱ类场地,3 代表Ⅲ类场地,4 代表Ⅳ类场地,C 列为矩震级,D 列为断层距,E 为桥梁类型,0 为简支桥,1 为钢筋混凝土拱桥,2 为圬工拱桥,F ~ J 列分别为基本完好、轻微破坏、中度破坏、严重破坏和完全损毁五个破坏等级的损失比,K 列为工点建筑物考虑物价因素折合为进行震损评估时物价的工程造价,即重置费用(万元)。如图 6-8 所示。

	A	B	C	D	E	F	G	H	I	J	K
1	1	0	8	4	0	0.05	0.2	0.4	0.8	1	1000
2	2	2	8	14	1	0.05	0.2	0.4	0.8	1	2000
3	3	4	8	33	2	0.05	0.2	0.4	0.8	1	3000
4											

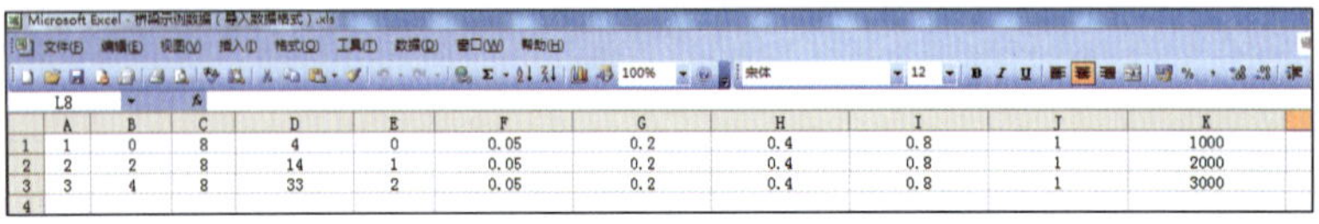

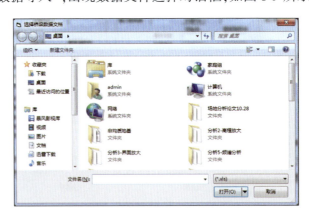

图 6-8 桥梁数据导入格式示意图

(2)输入完毕之后点击保存,然后关闭表格。

(3)点击“桥梁数据导入”,出现数据文件选择对话框,如图 6-9 所示。

图 6-9 桥梁数据文件导入时选择界面

选择之前已经输入数据的 EXCEL 表格,如本例选择桌面上的“桥梁导入数据. xls”,表格中的数据如图 6-8 所示。选择好 EXCEL 表格之后点击“打开”,选择数据对话框消失。若提示“数据已成功导入! 可以开始计算”则可以开始进行震损的评估。点击“确定”,提示对话框消失。如图 6-10 所示。

(4)返回软件操作界面,点击“计算桥梁震损”,待软件提示“计算、保存已完成！请查看‘桥梁计算结果. xls’”,表明震损已经计算完成并保存在“桥梁计算结果. xls”中。此处值得注意的是,“桥梁计算结果. xls”默认的保存路径和之前导入的“桥梁导入数据. xls”文件相同,即假如导入数据文件在桌面,则软件自动在桌面上生成“桥梁计算结果. xls”并将计算结果保存在这个表格中。点击“确定”,退出提示。如图 6-11 所示。

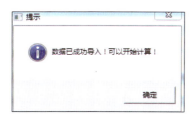

图 6-10　数据导入成功提示界面

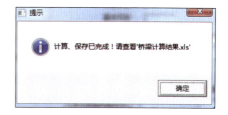

图 6-11　计算和保存成功提示界面

(5)查看计算结果。打开“桥梁计算结果. xls”,在相应计算结果数据的下方会显示数据的名称。如图 6-12 所示。

Q	R	S	T	U	V	W
0.308558375	0.887268364	0.051375821	0.052155111	0.0069728	0.002227895	0.70853466
0.649230421	0.471305996	0.207726315	0.290582895	0.030384796	0	0.167339504
0.442757219	0.572703481	0.100083604	0.119575307	0.195002794	0.012634804	0.546039939
PGA	经验法基本完好比	经验法轻微破坏比	经验法中度破坏比	经验法严重破坏比	经验法损毁破坏比	概率法基本完好比

图 6-12　震损计算结果数据表格截图(部分)

(6)关闭表格,完成桥梁的震损估计。

2)路基和隧道的数据导入和计算

由于路基和隧道在评估软件中对震损没有像桥梁一样进行分类评估,因此路基和隧道的震损评估方法和桥梁的有所不同,主要体现在路基和隧道的数据导入时不需要注明类别。路基和隧道的数据导入和计算方法是一样的,具体的导入和计算步骤如下。

(1)在进行数据导入和计算之前,请将数据输入新建 EXCEL 表格中,具体输入的格式为:A 列为序号,B 列为场地类型。其中,0 代表硬岩场地,1 代表Ⅰ类场地,2 代表Ⅱ类场地,3 代表Ⅲ类场地,4 代表Ⅳ类场地,C 列为矩震级, D 列为断层距,E ~ I 列分别为基本完好、轻微破坏、中度破坏、严重破坏和完全损毁五个破坏等级的损失比,J 列为工点建筑物考虑物价因素折合为评估时物价的工程造价,即重置费用(万元)。如图 6-13 所示。

	A	B	C	D	E	F	G	H	I	J
1	1	0	8	4	0.05	0.2	0.4	0.8	1	1000
2	2	2	8	14	0.05	0.2	0.4	0.8	1	2000
3	3	4	8	33	0.05	0.2	0.4	0.8	1	3000

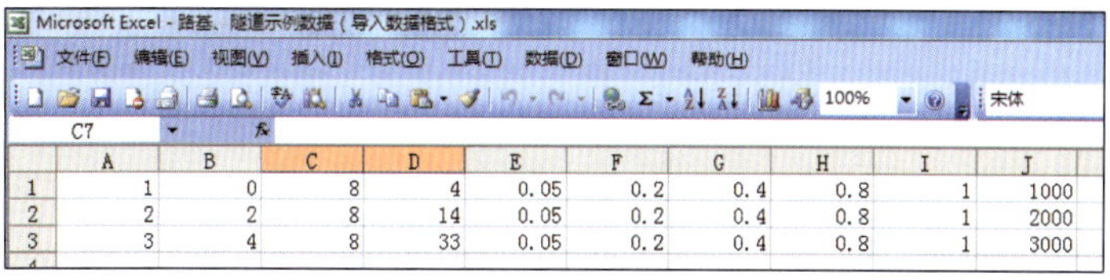

图 6-13　路基、隧道数据导入格式示意

(2)输入完毕之后点击保存,操作完成之后关闭表格。

(3)点击“路基数据导入”(“隧道数据导入”),出现文件选择对话框,如图 6-14 所示。

选择之前输入数据的 EXCEL 表格,如本例选择桌面上的“路基示例数据. xls”(“隧道示例数据.xls"),表格中的数据如图6-13所示。选择好EXCEL表格之后点击"打开",选择数据对话框消失。若提示"数据已成功导入!可以开始计算"则可以开始进行震损的评估。点击"确定",提示对话框消失。如图6-15所示。

图6-14 路基、隧道数据导入选择界面

(4)返回软件操作界面,点击"计算路基震损"("计算隧道震损"),待软件提示"计算、保存已完成!请查看'路基计算结果.xls'"("计算、保存已完成!请查看'隧道计算结果.xls'"),表明震损已经计算完成并保存在"路基计算结果.xls"("隧道计算结果.xls")中。如图6-16所示。

图6-15 数据导入成功提示　　　　图6-16 计算和保存成功提示界面

(5)查看计算结果。打开"桥梁计算结果.xls"("隧道计算结果.xls"),在相应的计算结果数据的下方会显示数据的名称。如图6-17所示。

图6-17 震损计算结果数据表格截图(部分)

(6)关闭表格,完成路基(隧道)的震损估计。

6.2.2.2 选择界面输入数据进行计算

同样以桥梁震损评估为例,介绍软件界面的震损评估方法。路基和隧道的操作方法与桥梁的操作方式类似,在介绍了桥梁的软件界面操作方法之后,不再赘述路基和隧道的软件界面操作方法。

(1)选择场地类型,输入矩震级。选择场地类型时一定要点击选中的场地类别,如图 6-18 所示,当其显示为蓝色时才表示场地类别已选中。

(2)输入工点的断层距,点击"计算 PGA",将在旁边显示框内显示 PGA 的计算值,如图 6-19 所示。

图 6-18　场地类型选择和矩震级输入界面

图 6-19　PGA 计算界面

(3)对于桥梁的震害评估,由于要考虑桥梁的类型,所以在桥梁计算部分,增加了一个桥梁类型选择框,如图 6-20 所示。

(4)点击"计算破坏比",将得到由两种不同方法计算得到的各级破坏状态的破坏比,显示在右边相应的显示框内。如图 6-21 所示。

图 6-20　桥梁类型选择界面

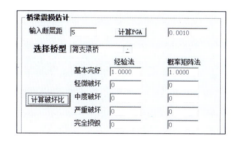

图 6-21　破坏比计算界面

(5)输入各级破坏状态的损失比数据和工点建筑物的原造价,点击"计算该桥梁震害损失",计算得到由经验法和概率矩阵法得到的该桥梁的震害损失。此时在下方的"该线路桥梁累计震害损失"显示框内显示累计震损值,如图 6-22 所示。值得注意的是,每点击一次"计算该桥梁震害损失",该累计震害损失值将累计一次"计算该桥梁震害损失"按钮旁边显示的震损值。

(6)此时完成了第一个桥梁的震损评估,如要继续进行第二个桥梁的震损评估,点击"完成该桥梁震损评估进入下一个桥梁",界面上部分数据将为空,如图 6-23 所示,重新输入数据,进行下一座桥梁震损的评估。

(7)同理,路基和隧道的震损评估界面输入方法和上述介绍的方法一样,待按上述方法计算完成各个桥梁、路基和隧道的震损评估之后,点击左下方的"完成",将得到整条线路的震损评估值,如图 6-24 所示。

(8)完成一条线路的计算,保存数据。默认的保存路径是软件所在文件夹下的"计算结果.txt",也可以保存为其他的路径。

至此,某一条线路的震害损失评估便完成了。需要说明的是,桥梁、路基和隧道的震害损失评估是完全独立的过程,相互之间没有干扰,优先评估哪一类结构对评估结果没有影响。

图 6-22 震害损失计算界面　　图 6-23 完成一次计算进入下一次计算界面

图 6-24 最终计算结果显示截图

6.3 本章小结

这套大震生命线工程震害损失快速评估体系虽然在震害的快速评估方面取得了一定的进展和突破,但是限于调查数据有限,且未考虑地质条件、施工质量等关系到建筑物抗震能力的因素,该体系并未能做到对震害损失的完全准确的估计,但该评估方法是基于理论分析得到的,对于群体的震害损失评估还是比较可行的,并且结果是可信的。

第7章 结论与展望

本书在全面对汶川地震中公路震害调查的基础上,系统客观地统计分析了调查数据,揭示了汶川地震中公路的震害规律和特点;对典型线路和工点震害调查情况进行了分析,进一步研究了公路在地震中的破坏特征;提出了公路等级的划分标准,以此为基础通过修正后的衰减模型采用不同方法建立了公路易损性曲线,提出了公路快速评估方法并对典型线路做了快速损失评估。

7.1 结 论

对于以上所做的研究工作,我们发现公路中不同的建筑物类型具有不同的抗震能力,因此也表现出不同的震害现象为指导以后的震害估算和抗震设计,现将公路中桥梁、路基和隧道的震害特点总结如下:

7.1.1 汶川地震公路桥梁破坏特征

从建立的经验型易损性曲线可以看出,对于桥梁整体,当 PGA 在 $0\sim0.1g$ 之间时,就可能发生轻微破坏和中度破坏,当 PGA 在 $0.2\sim0.3g$ 之间时,开始发生严重破坏,并且当 PGA 达到 $1g$ 时有近一半的桥梁会发生严重破坏,PGA 在 $0.4g\sim0.5g$ 之间时,部分桥梁开始出现完全损毁。根据此易损性曲线可以判定,桥梁并不是一种抗震性能很强的工程建筑物。

对于直线桥,当 PGA 达到 $0.1g$ 时,直线桥马上便出现轻微破坏和中度破坏,当 PGA 约为 $0.2g$ 时,直线桥开始出现严重破坏,当 PGA 约为 $0.4g$ 时,直线桥开始出现完全损毁的情况;对于斜交桥,当 PGA 达到 $0.1g$ 时,斜交桥即刻出现轻微破坏和中度破坏,当 PGA 约为 $0.3g$ 时,斜交桥开始出现严重破坏,当 PGA 约为 $0.4g$ 时,斜交桥开始出现完全损毁的情况;对于曲线桥,当 PGA 约为 $0.2g$ 时,即出现轻微破坏,并且当 PGA 约为 $0.3g$ 时,全部的曲线桥均已发生轻微破坏,且曲线桥开始出现严重破坏和完全损毁破坏。综上可知,三种线性的桥梁中,曲线桥的抗震性能最差,直线桥和斜交桥具有相似的抗震性能。

7.1.2 汶川地震公路路基破坏特征

从矩阵法得到的公路路基易损性曲线可以看出,公路路基 A 级破坏和 B 级破坏的概率是随着 PGA 值的增大而减小,C 级破坏和 D 级破坏的概率是随着 PGA 值的增大而增大。易损性曲线没有发生相交现象,说明在任何 PGA 条件下,四个等级破坏发生的概率大小依次为 A 级、B 级、C 级和 D 级破坏。这与实际破坏中 A 级震害最多,D 级震害最少的现象相符。

从得到公路路基整体易损性曲线的结果来看,公路路基发生震害的 PGA 临界点为 $0.1g$,在 $0.1g$ 理论上不会发生明显的路基震害。PGA 大于 $0.4g$ 时会发生 D 级破坏,小于

$0.4g$ 基本不会发生损毁震害。但对于不同结构其破坏的临界值有所不同。

支挡结构出现 D 级破坏的 PGA 临界值为 $0.24g$，路基边坡是在 PGA 达到 $0.43g$ 后会出现 D 级破坏，而路基本体则是在 $0.56g$ 的 PGA 条件下才会发生 D 级破坏。这说明支挡结构相比路基边坡和路基本体在低烈度下更易发生严重的破坏。

边坡发生破坏的临界值在 $0.1g$，而支挡结构和路基本体发生破坏的临界值分别是 $0.21g$ 和 $0.23g$。说明边坡在低烈度下更易发生震害，但震害的程度较轻。

采用矩阵法计算路基易损性简单明了，破坏概率和 PGA 值的计算方法较为简易的同时也降低了对公路震害估计的精度。矩阵法的建立是基于对震害工点所进行的简单统计，所建立的各破坏级别的易损性曲线也是对发生了破坏的工点而言，其展示了破坏工点在各级别破坏下的分布规律，不能直接用来评估地震后路基的损失。如果要更为准确地对路基易损性进行研究，快速评估震后公路路基造成的损失情况，就需要通过的诸如正态分布函数作为数学模型建立的易损性曲线来实现。

7.1.3 汶川地震公路隧道破坏特征

对于隧道整体，当 PGA 达到 $0.6g$ 时隧道整体才出现轻微破坏，当 PGA $> 0.9g$ 时隧道整体才出现中度破坏和严重破坏，并且 PGA $= 1g$ 时，发生轻微破坏和中度破坏的概率都很小，发生的严重破坏的概率更小，几乎接近于 0，在汶川地震中没有完全损毁的隧道，说明隧道是一种抗震性能很好的工程建筑物。

对于隧道洞口段，当 PGA 达到 $0.6g$ 时隧道洞口段才出现轻微破坏，当 PGA 接近 $0.8g$ 时隧道洞口段才出现中度破坏和严重破坏，并且 PGA $= 1g$ 时，发生轻微破坏和中度破坏的概率都很小，发生的严重破坏的概率更小，几乎接近于 0，汶川地震中没有完全损毁的隧道洞口段，说明隧道洞口段具有很好的抗震性能。

对于隧道断层破碎段，当 PGA 达到 $0.6g$ 时隧道断层破碎段才出现轻微破坏，当 PGA $> 0.6g$ 时隧道断层破碎段才出现中度破坏和严重破坏，并且 PGA $= 1g$ 时，发生轻微破坏和中度破坏的概率都很小，发生的严重破坏的概率更小，几乎接近于 0，汶川地震中没有完全损毁的隧道断层破碎段，说明隧道断层破碎段依然具有很好的抗震性能。

对于隧道普通段，当 PGA 达到 $0.7g$ 时隧道普通段才出现轻微破坏，当 PGA $> 0.8g$ 时隧道普通段才出现中度破坏和严重破坏，并且 PGA $= 1g$ 时，发生轻微破坏和中度破坏的概率都很小，发生的严重破坏的概率更小，几乎接近于 0。

由于隧道结构的特殊性，隧道具有十分好的抗震性能，在多调查的隧道中，几乎没有发生严重破坏的隧道，只有发生轻微破坏和中度破坏的隧道，并且发生这两种破坏状态的隧道占所有调查的隧道的比例也很小。

从作出的破坏概率矩阵法易损性曲线中不难发现，由于隧道的调查数据较少，且数据的离散型比较大，所以作出的易损性曲线于实际调查数据的相关性不是很理想，但对于群体震害的快速估计也具有一定的参考价值。

7.2 工作展望

地震灾害现场调查是揭示地震破坏规律，研究结构抗震方法最有效、最直接、最客观的手段。本书基于汶川地震大量的调查数据,虽然对公路交通工程进行了较为系统的统计分析,也尽可能地对各方面影响因素加以考虑,由于对地震灾害现场的客观认识缺乏一定的经验,因此对于汶川地震路基的调查分析难免会有所不足。调查分析中主要是对发生破坏的数据样本上进行统计分析,虽然这是揭示震害规律和特征的重要内容,但缺乏了和未破坏的工点样本进行对比分析,这使得对公路震害特征的研究并不完全。调查除了要记录震害工点的破坏情况外,还要尽量收集未破坏的路基工点以作比较。由于调查线路比较长,对全线路段的调查工点进行逐一调查可能并不现实,最好抽样选择部分路段,对其进行全部统计。公路的分布成其特有的线形分布,有别于房建工程的点状分布,今后的统计分析中从线到点的角度考虑进行分析可能会更适合公路工程。

研究易损性曲线首先要解决选取地震动参数的问题,采用 Zhao 衰减模型对于汶川地震的近场区域内峰值加速度及短周期谱加速度预测较为准确,但对于其他特点的地震应当选取适宜的衰减模型及参数或者是采用其他方法,诸如利用地震台测量的实测数据采用插值法预测地震动参数。对于易损性模型的建立有多种方法,具体哪类模型分别对公路所包括路基、桥梁、隧道工程更适合,这也是今后需要进一步探讨的工作。

对于灾害损失评估工作而言,另外一个最重要的内容就是结构损失比的确定。对于公路而言,搜集其维修、重建的费用资料并非易事,且采用何种统计方式也是需要进一步研究的。目前国际上对路基易损性的研究并不太多,国内该领域的研究也寥寥无几。本书对公路工程的损失比进行了探索研究,希望能抛砖引玉,能有更多学者投入公路的易损性研究领域中来,共同探讨,建立起完善的公路地震灾害的快速评估方法。

附录一 公路次生地质灾害调查表

附表1-1 汶川地震公路沿线次生地质灾害综合调查表

公路项目： 调查日期：

编号	段落范围	段内地形地貌特点、地层岩性特征及地质构造情况	段内公路沿线地震地质灾害发育情况及规律	备注

调查人： 页码编号：

附表 1-2 汶川地震公路沿线次生地质灾害调查表（滑坡、崩塌等斜坡灾害类）

公路项目： 调查日期：

编号		位置(里程范围及坐标)				
斜坡几何形态及场地地貌：		高度(m)		长度(m)		坡向
坡面形态及场地地貌						
斜坡地质结构(地层岩性及岩性组合,结构面发育特征,坡体结构特征)：						
地层		岩性及岩性组合：				
主要结构面产状及特征						
斜坡坡体结构特征描述						
破坏模式及特征(破坏部位、破坏规模、破坏形式、岩土体运动轨迹、对公路的危害等)：						
破坏部位及范围						
破坏规模及形式						
失稳岩土体运动轨迹及特征						
对公路危害						

剖面示意：	平面示意：
灾害体最终定性	

调查人： 复核人： 页码编号：

附表 1-3　汶川地震公路沿线次生地质灾害调查表（沟谷型泥石流类）

公路项目：　　　　　　　　　　　　　　　　　　　　　　　　　调查日期：

编号		位置(里程范围及坐标、地名)		
泥石流区地质条件综述：				
泥石流发生时间：			降雨时间和诱发雨量：	
形成区特征：	沟床长度(m)：		沟床纵坡：	
沟床特征描述：				
沟床两侧斜坡特征及地震崩塌滑坡灾害情况(可另附页补充)	崩塌滑坡灾害点数量：		特征描述：	
	崩塌滑坡灾害点规模：			
	总计方量：			
流通区特征：	沟床长度(m)：		沟床纵坡：	
流通区特征描述：				
堆积区特征：	堆积面积(m^2)：		堆积方量(m^3)：	
堆积区特征及危害描述：				
平面示意：		形成区典型沟床剖面：		
		流通区典型沟床剖面：		
泥石流的发展演化跟踪调查(可加附页)：				

调查人：　　　　　　　　　复核人：　　　　　　　　　页码编号：

附表 1-4　汶川地震公路沿线次生地质灾害调查表（坡面型泥石流类）

公路项目：　　　　　　　　　　　　　　　　　　　　调查日期：

编号		位置(里程范围及坐标、地名)		
泥石流区地质条件综述：				
泥石流发生时间：			降雨时间和诱发雨量：	
形成区特征：	坡面长度(m)：			坡度：
斜坡地震地质灾害情况	崩塌滑坡灾害点数量：			特征描述
	崩塌滑坡灾害点规模：			
	总计方量：			
流通区特征：	沟床长度(m)：			沟床纵坡
流通区特征描述：				
堆积区特征：	堆积面积(m^2)：			堆积方量(m^3)：
堆积区特征及对公路危害描述：				
平面示意：			剖面示意：	
泥石流的发展演化跟踪调查(可加附页)：				

调查人：　　　　　　　　　　复核人：　　　　　　　　　　页码编号：

附表 1-5　汶川地震公路沿线次生地质灾害调查表（地震液化类）

公路项目：　　　　　　　　　　　　　　　　　　　　　　　　　　调查日期：

编号		位置（里程范围及坐标、地名）	
场地基本地质条件：			
场地地貌：			
场地地层结构及岩土性质：			
液化区范围及面积：			
破坏类型及现象描述：			
液化区房屋建筑受损特征：			
液化区路基路面及公路构造物受损特征：			
液化区喷砂冒水现象及描述：			
喷砂点数量及密度：			
喷砂方量（单点及总计）：			
砂样现场描述及采样情况：			
喷水高度及持续时间：			
震前地下水位(m)		震后地下水位(m)	
液化深度位置(m)		液化地层	
平面示意：		地层结构示意：	

调查人：　　　　　　　　　　　复核人：　　　　　　　　　　　页码编号：

附录二 路基路面震害调查表

附表 2-1　汶川地震公路一般路段路基(路面)震害综合记录表

公路项目：　　　　　　　　　　　　　　　　　　　　　　　　　日期：

编号	段落范围	段内公路走向、地形地貌、地层岩性特征、地质构造、地震烈度情况	段内公路路基路面震害类型及发育情况、规律	备注

注：本表适用于路段范围内只有零星路基路面震害且不影响路基使用功能路段的综合记录。

照片编号：　　　　　　调查人：　　　　　复核人：　　　　　页码编号：

附表2-2 汶川地震公路路基(路面)震害记录表

公路项目及等级： 　　　　　　　　　　　　　　　　　　　　　　　　日期：

编号		里程桩号		位置坐标	
路线走向		路段长度(m)		路面类型	
路基形式	☐一般路堤　☐陡坡路堤　☐路堑　☐半挖半填　☐高填路堤　☐纵向过渡段　☐其他_____				
填挖高度	内侧_____m　中线_____m　外侧_____m　平均_____m				
路基路面本体震害	☐路基沉陷　☐开裂　☐坍塌　☐错台　☐整体滑移　☐扭曲　☐隆起　☐挤压破坏　☐掩埋　☐水毁　☐淹没　☐路面坑槽、碎裂　☐路面结构强度受损				
路堑边坡震害	☐边坡局部溜坍　☐坍塌　☐落石　☐整体崩滑掩埋路基　☐其他_____				
路堤边坡震害	☐边坡局部溜坍　☐边坡开裂　☐边坡鼓胀　☐其他_____				

基本条件	地质环境	周围岩土特征		路基所处位置	
		☐石质山土层薄　☐石质山土层厚　☐土质山		☐坡脚　☐山腰　☐山脊	
	水文及植被	与河流关系		震后植被情况	
		☐临河影响大　☐河水影响小　☐远离河流			
	路基填料		地震烈度(度)		
	地基土类型		有无挡防	☐无　☐有(类型_____)	

破坏特征	破坏时间	年　　月　　日　　时			
	沉陷	位置：	规模	面积：　沉陷量：　变形体积：	
	开裂	位置：	规模	条数：　最大长度：　宽度：	
	错台	位置：	规模	数量：　最大长度：　错距：	
	滑移	位置：	规模	路基长度：　滑距：　滑面深度：	
	隆起	位置：	规模	隆起高度：	
	坍塌掩埋	坍塌体类型：　长度：　宽度：平均厚度：　方量：			
	加筋情况				
	挡防情况				
	路面损坏情况				
	其他				
	破坏发展趋势	☐已修复,稳定　☐未修复,基本稳定　☐未修复,破坏继续发展			

初评	破坏原因	☐主震　☐余震　☐震前有损坏,震中加剧　☐非地震原因：_____			
	裂缝条数(平均10m)		病害等级	☐轻微　☐中等　☐严重	
	治理措施及效果				

示意图	平面图：	横剖面图：

照片编号：　　　　　调查人：　　　　　复核人：　　　　　页码编号：

附表 2-3　汶川地震公路支挡工程(□挡土墙　□抗滑桩)震害记录表

公路项目及等级：　　　　　　　　　　　　　　　　　　　日期：

编号			里程桩号			位置坐标		
路线走向			路段长度(m)			路面类型		
路基形式			□路堑　□路堤　□半挖半填			地震烈度		
边坡条件	边坡类型		□路堑边坡　□路堤边坡		岩土类型	□岩质　□土质　□上土下岩		
	坡高(m)		□单级(高度：　) □多级(　级；各级高度：　　和 平台宽度：　　　　　　　)		坡长(m)		坡度(°)	
挡土墙基本特征	类型		□重力式　□半重力式　□加筋式　□锚杆式　□扶壁式 □悬臂式　□桩板式　□土钉式　□锚定板式　□其他：					
	外形特征		墙高(m)	总长(m)	墙面坡度(°)	墙顶宽度(m)	墙背填料	基础埋深(m)
			砌筑方法			地下水		
			□浆砌　□片石混凝土　□其他			□丰富　□不丰富　□未见　出露位置		
	台背排水		类型：			效果：		
抗滑桩基本特征	桩长(m)	桩间距(m)	断面尺寸(m)		桩型		锚索型号,长度	
			长： 宽：		□钢筋混凝土桩 □锚索桩　□钢管桩 □H型钢桩			
	工程修建时间		年　　月		破坏时间	年　　月　　日　　时		
支挡工程破坏特征	震害类型		□垮塌　□剪断　□倾覆　□墙顶位移　□变形开裂　□掩埋　□其他：____					
	主要特征		裂缝宽度(cm)			垮塌方量(m³)		
			墙顶位移(cm)			位移量/墙高		
			锚杆情况			挡板情况		
			筋带破坏情况					
			锚索情况		□锚头失效　□拉断　□预应力损失　□其他：____			
	其他破坏特征							
	破坏原因		□主震　□余震　□震前有损坏,震中加剧　□非地震原因：____					
	初步评价		破坏等级		□轻微□中等□严重	可修复程度		
治理措施								
目前状况		□已修复,稳定　□已修复,有新的破坏　□未修复,基本稳定　□未修复,破坏继续发展						

续上表

示意图	平面图：	横断面图：
	备注	

照片编号：　　　　　调查人：　　　　　复核人：　　　　　页码编号：

附表 2-4　汶川地震公路坡面防护震害记录表

公路项目及等级：　　　　　　　　　　　　　　　　　　　　　　　　　　　日期：

编号			里程桩号			位置坐标		
路线走向			路段长度(m)			路面类型		
路基形式		□路堑　□路堤　□半挖半填				地震烈度		
边坡条件	边坡类型		□路堑边坡　□路堤边坡		岩土类型		□岩质　□土质　□上土下岩	
	坡高(m)		□单级(高度：　　) □多级(　级；各级高度： 平台宽度：　　　　　　　)			坡长(m)		坡度(°)
防护形式特征	防护形式		□挂网	□SNS 主动式柔性防护网　□SNS 被动式柔性防护网 □挂网植草　□挂网喷浆(混凝土)　□其他：＿＿＿＿				
			□护面墙	□实体式　□孔窗式				
			□片石或预制块骨架	□浆砌网格骨架植草　□浆砌拱形骨架植草　□浆砌实体护坡 □干砌片石护坡　□水泥混凝土预制块　□锚杆结合混凝土预制块				
			□植物	□铺草皮　□种草　□植树				
			□灰浆防护	□抹面　□捶面　□喷射混凝土或喷浆(无网)　□灌浆				
	形式特征		防护长度	防护面积	材料	高(m)	厚(m)	其他
破坏特征	破坏时间		2008 年　月　日　时			破坏前情况		
	破坏现象		□裂缝		位置	长度(m)	宽度(cm)	条数
			□剥落		位置	面积(m²)	厚度(m)	
			□垮塌		位置	高度(m)	方量(m³)	
			□局部鼓胀变形毁坏		位置	面积(m²)		
			□锚杆松动/拔出		位置		根数	
			□主动网破坏	□主动网整体拔出　□局部锚杆拔出　□网被冲破　□碎石流挤出				
			□被动网破坏	□整体倾覆　□整体掩埋　□局部被落石冲破　□立柱破坏 □预应力环失效				
			□其他					
	破坏及原因		破坏面积比：＿＿＿＿＿　□主震　□余震　□震前有损坏，震中加剧 □非地震原因：＿＿＿＿＿					
	初步评价		破坏等级	□轻微　□中等　□严重		可修复程度	□局部修补　□加固　□重建	
治理措施								
目前状况		□已修复,稳定　□已修复,有新的破坏　□未修复,基本稳定　□未修复,破坏继续发展						

续上表

示意图	平面图：	横断面图：
	备注	

照片编号：　　　　　调查人：　　　　　复核人：　　　　　页码编号：

附表 2-5 汶川地震公路坡体加固类[锚杆(索)框架]防护震害记录表

公路项目及等级：　　　　　　　　　　　　　　　　　　　　　　日期：

编号		里程桩号		位置坐标		
路线走向		路段长度(m)		路面类型		
路基形式	☐路堑　☐路堤　☐半挖半填			地震烈度		

<table>
<tr><td rowspan="3">边坡条件</td><td>边坡类型</td><td colspan="2">☐上边坡　☐下边坡</td><td>岩土类型</td><td colspan="3">☐岩质　☐土质　☐上土下岩</td></tr>
<tr><td>坡高(m)</td><td colspan="3">☐单级(高度：　　)
☐多级(　　级;各级高度：
平台宽度：　　　　　　)</td><td>坡长(m)</td><td>坡度(°)</td></tr>
<tr><td>坡体结构类型</td><td colspan="6">☐近水平层状结构　☐顺倾层状结构　☐反倾层状结构　☐碎裂状结构
☐块状结构</td></tr>
<tr><td rowspan="3">基本特征</td><td>锚杆长度(m)</td><td colspan="2">锚筋材料</td><td>锚杆间距(m)</td><td>锚固段长度(m)</td><td colspan="2">应力状态</td></tr>
<tr><td></td><td colspan="2">☐钢筋　☐钢绞线
☐φ25～32mm 精轧螺纹钢筋</td><td>水平：
垂直：</td><td></td><td colspan="2">☐预应力
☐非预应力</td></tr>
<tr><td>框架梁尺寸</td><td colspan="3"></td><td colspan="3">防护面积(m²)</td></tr>
</table>

修建时间		年　　月	震前状况描述	

<table>
<tr><td rowspan="7">锚杆破坏特征</td><td>破坏时间</td><td colspan="4">2008 年　　月　　日　　时</td></tr>
<tr><td>锚杆(索)破坏现象及特征</td><td colspan="4">☐锚头失效　☐拉断　☐预应力损失</td></tr>
<tr><td>框架破坏特征</td><td colspan="4">☐框架梁及结点断裂　☐表皮开裂　☐底部脱空　☐鼓胀　☐整体滑移</td></tr>
<tr><td>破坏率</td><td colspan="2">锚杆(索)根数破坏率：</td><td colspan="2">框架面积破坏率：</td></tr>
<tr><td>破坏等级</td><td>☐轻微　☐中等　☐严重</td><td>可修复程度</td><td colspan="2">☐局部修补　☐加固　☐重建</td></tr>
<tr><td>破坏原因</td><td colspan="4">☐主震　☐余震　☐震前有损坏,震中加剧　☐非地震原因：_____</td></tr>
</table>

治理措施	
目前状况	☐已修复,稳定　☐已修复,有新的破坏　☐未修复,基本稳定　☐未修复,破坏继续发展

示意图	平面图：	横断面图：

备注	

照片编号：　　　　　　调查人：　　　　　　复核人：　　　　　　页码编号：

附录三 桥梁震害调查表

附表 3-1 汶川地震梁式桥震害记录表

桥梁名称				路线名称		
主跨结构				桥位桩号		
桥梁宽度				桥轴走向		
桥长(m)				桥梁地理位置(经纬度)		
最大跨径(m)				建成时间		
原设防等级				图纸保存(有;无)		
汶川地震桥址区实际烈度						
桥梁震后状况(1.关闭;2.限制通行;3.通行)						
桥梁类型(1.简支梁;2.连续梁;3.刚构桥)						
桥梁类型(1.直线桥;2.曲线桥;3.斜交桥)						
主梁类型(1.实心板梁;2.空心板梁;3.T形梁;4.箱形梁桥;5.I形梁桥;6.组合梁桥)						
桥墩类型(1.独柱圆形墩;2.独柱矩形实心墩;3.独柱矩形空心墩;4.双柱式圆形墩;5.双柱式矩形实心墩;6.双柱式矩形实心墩)						
桥台类型(1.重力式;2.桩柱式;3.轻型;4.扶壁;5.薄壁;6.石砌轻型)						
基础类型(1.桩基础;2.扩大基础;3.沉井)						
场地类别				地形特征(V形、U形)		
震前桥梁技术状况(Ⅰ~Ⅴ)						
桥梁部件			检查项目			破坏状况描述(并附照片号)
上部结构	承重梁、板		破裂、裂缝、沉陷、混凝土剥落、钢筋外露、位移			
	横向联系		裂缝、破碎、混凝土剥落、钢筋外露			
	边缘距(cm):					
下部结构	桥台	台帽	裂缝、破裂、变形、混凝土剥落、钢筋外露			
		台身	倾斜角度、变形、裂缝、混凝土剥落、钢筋外露			
		耳墙	裂缝、混凝土剥落、钢筋外露			
		锥坡	裂缝、破裂、垮塌			
		搭板	隆起、沉陷、裂缝			
		基础	沉陷、隆起、裸露深度			
		具有伸缩缝桥台的歪斜角度 θ				

续上表

桥梁部件		检查项目	破坏状况描述（并附照片号）
下部结构	桥墩 墩帽	裂缝、破裂、变形、混凝土剥落、钢筋外露	
	桥墩 墩身	倾斜角度、变形、裂缝、混凝土剥落、钢筋外露、墩身高度、横系梁破坏	
	桥墩 基础	沉陷、隆起、裸露深度	
	具有伸缩缝桥墩的歪斜角度 θ		
支座	位移、串动、脱空	完好；支座位置略有偏移；串动严重或支座有脱空（小于相应边长25%）；串动严重（大于相应边长25%）	
	剪切变形	完好；剪切角（<15°）；剪切角（15°~45°）；剪切角（>45°）	
	不均匀鼓突和脱胶	完好；外鼓（<10%边长）；外鼓（10%~25%边长）；外鼓（>25%边长）	
	锚栓	完好；稍有松动；个别剪坏；较多剪坏；大多数剪坏	
	垫石	缝隙（<1mm）、深度（>30mm）；缝隙（>1mm）、深度（>50mm）、局部裂纹掉角；缝隙（>1mm）、深度（>支座边长25%）、混凝土酥裂露筋、掉角；大部分破碎、剥离	
	支座支承混凝土面状况		
防落装置	无		
	有	技术状况描述	
桥面系	铺装	裂缝、破碎、变形	
	伸缩缝	错位、隆起、破碎	
	栏杆、护栏	错位、脱落、失效	
其他附属设施	排水设施	堵塞、破损	
	灯具、标志	破损、歪斜、失效	
实际采取整治措施	维护措施		
	维修加固措施		
	重建后桥型		
	无措施		
破坏等级（A-无破坏或轻微破坏；B-中等破坏；C-严重破坏；D-完全损毁）			
备注			

填表人：　　　　　　复核人：　　　　　　填表日期：　　　　　　页码编号：

附表3-2 汶川地震拱桥震害记录表

桥梁名称				路线名称	
主跨结构				桥位桩号	
桥梁宽度				桥轴走向	
桥长(m)				桥梁地理位置(经纬度)	
最大跨径(m)				建成时间	
原设防等级				图纸保存(有;无)	
汶川地震桥址区实际烈度					
桥梁震后状况(1.关闭;2.限制通行;3.通行)					
桥梁类型(1.石拱桥;2.板拱桥;3.双曲拱桥;4.刚架拱桥;5.肋拱桥;6.箱形拱桥;7.实腹式拱桥)					
桥梁类型(1.上承式拱桥;2.中承式拱桥;3.下承式拱桥)					
基础类型(1.桩基础;2.扩大基础;3.沉井)					
场地类别				地形特征(V形、U形)	
震前桥梁技术状况(Ⅰ~Ⅴ)					
桥梁部件				检查项目	破坏状况描述（并附照片号）
拱圈或拱肋				破裂、裂缝、混凝土剥落、钢筋外露、位移	
横梁				破裂、裂缝、混凝土剥落、钢筋外露、位移	
吊杆				开裂、错位、渗水、外露	
立柱				破裂、裂缝、混凝土剥落、钢筋外露、位移	
下部结构	桥台	台帽		裂缝、破裂、变形、混凝土剥落、钢筋外露	
		台身		倾斜角度、变形、裂缝、混凝土剥落、钢筋外露	
		耳墙		裂缝、混凝土剥落、钢筋外露	
		锥坡		裂缝、破裂、垮塌	
		搭板		隆起、沉陷、裂缝	
		基础		沉陷、隆起、裸露深度	
	桥墩	墩帽		裂缝、破裂、变形、混凝土剥落、钢筋外露	
		墩身		倾斜角度、变形、裂缝、混凝土剥落、钢筋外露、墩身高度	
		基础		沉陷、隆起、裸露深度	
桥面系		铺装		裂缝、破碎、变形	
		伸缩缝		错位、隆起、破碎	
		栏杆、护栏		错位、脱落、失效	
其他附属设施		排水设施		堵塞、破损	
		灯具、标志		破损、歪斜、失效	

续上表

桥梁部件		检查项目	破坏状况描述（并附照片号）
实际采取整治措施	维护措施		
	维修加固措施		
	重建后桥型		
	无措施		
破坏等级(A-无破坏或轻微破坏;B-中等破坏;C-严重破坏;D-完全损毁)			
备注			

填表人：　　　　复核人：　　　　填表日期：　　　　页码编号：

附录四 隧道震害调查表

附表 4-1 汶川地震＿＿＿＿＿隧道基础资料调查表

路线名称、等级及隧道所在县市名称		桩号	K　　+　~K　　+
隧道净空		隧道形式	□单洞双向　□双洞单向
设防烈度		实际烈度	
隧道中心位置经度		隧道中心位置纬度	
隧道轴线与发震断裂空间位置关系			
实际地震动参数		建成时间	

附表 4-2　汶川地震＿＿＿＿＿隧道洞口段（进口）震害调查表

进口段中心坐标			地形条件	
围岩类型及等级			洞门形式	□明洞式　□端墙式　□翼墙式 □柱式　□耳墙式　□台阶式 □遮光棚式　□削竹式　□其他
洞口开挖	□直接进洞　□深挖进洞			
洞门设计参数	边坡			
	仰坡			
	洞门墙			
	洞口段衬砌			
	明洞			
	构造缝			
震害描述	边坡			
	仰坡			
	洞门墙			
	洞口段衬砌			
	明洞			
	构造缝			

照片编号：　　　　　调查人：　　　　　复核人：　　　　　页码编号：

附表 4-3　汶川地震　　　　　　隧道洞口段（出口）震害调查表

出口段中心坐标		地形条件		
围岩类型及等级		洞门形式	□明洞式 □端墙式 □翼墙式 □柱式 □耳墙式 □台阶式 □遮光棚式 □削竹式 □其他	
洞口开挖	□直接进洞 □深挖进洞			

洞门设计参数	边坡	
	仰坡	
	洞门墙	
	洞口段衬砌	
	明洞	
	构造缝	
震害描述	边坡	
	仰坡	
	洞门墙	
	洞口段衬砌	
	明洞	
	构造缝	

照片编号：　　　　　　调查人：　　　　　　复核人：　　　　　　页码编号：

附表 4-4　汶川地震_____隧道洞身段震害调查表

	段落(以桩号定位,或以距离洞口的距离定位)			
隧道洞身段结构震害	设计条件	埋深		
		岩性		
		围岩级别		
		断层破碎带		
		其他不良地质		
	支护类型	□无衬砌 □仅有初期支护 □初期支护和二次衬砌均有	初期支护(主要反映钢架及间距、喷层厚度)	
			二次衬砌(主要反映衬砌厚度、是否为钢筋混凝土)	
	施工情况	坍方		
		大变形		
		是否存在空洞		
		是否厚度不足		
		是否强度不足		
	震害描述	拱部	□裂缝	长度(mm)	走向
				宽度(mm)	□沿隧道走向 □垂直隧道走向 □斜向 □1 条 □2 条 □3 条 □3 条以上
				□渗水	渗水面积(m²)
			□混凝土剥落 □混凝土掉块 □错台 □跨塌 □整体坍塌		定性描述:
		左边墙	□裂缝	长度(mm)	走向
				宽度(mm)	□沿隧道走向 □垂直隧道走向 □斜向 □1 条 □2 条 □3 条 □3 条以上
				□渗水	渗水面积(m²)
			□混凝土剥落 □混凝土掉块 □错台 □跨塌 □整体坍塌		定性描述:
		右边墙	□裂缝	长度(mm)	走向
				宽度(mm)	□沿隧道走向 □垂直隧道走向 □斜向 □1 条 □2 条 □3 条 □3 条以上
				□渗水	渗水面积(m²)
			□混凝土剥落 □混凝土掉块 □错台 □跨塌 □整体坍塌		定性描述:

续上表

			□路面开裂	长度(mm)		走向	
隧道洞身段结构震害	震害描述	仰拱		宽度(mm)		□沿隧道走向 □垂直隧道走向 □斜向 □1 条 □2 条 □3 条 □3 条以上	
				□渗水	渗水面积（m²）		
			□错台 □隆起	定性描述：			
		施工缝					
		伸缩缝					
		沉降缝					
非结构构件震害	震害描述	灯具					
		风机					
		电缆沟					
		其他设施					
素描图							

说明：施工情况、震害描述应尽量定量化，如裂缝的长度、宽度，掉块的面积大小等。

照片编号：　　　　调查人：　　　　复核人：　　　　页码编号：

参 考 文 献

[1] Bignell JL, Lafave JM, Hawkins NM. Seismic vulnerability assessment of wall piersupported highway bridges using nonlinear pushover analyses[J]. Engineering Structures, 2005, 27(14): 2044-2063.

[2] Bignell J, Lafave J. Analytical fragility analysis of southern Illinois wall pier supported highway bridges[J]. Earthquake Engineering & Structural Dynamics, 2010, 39(7): 709-729.

[3] Casciati F, Cimellaro GP, Domaneschi M. Seismic reliability of a cable-stayed bridge retrofitted with hysteretic devices[J]. Computers&Structures, 2008, 86(17-18): 1769-1781.

[4] Chang SE, Shinozuka M, Moore JE. Probabilistic earthquake scenarios: extending risk analysis methodologies to spatially distributed systems[J]. Earthquake Spectra, 2000, 16(3): 557-572.

[5] 陈乐生,庄卫林,赵河清,等.汶川地震公路震害调查(地质灾害、路基、桥梁、隧道)[M].北京:人民交通出版社,2012.

[6] 陈力波,郑凯峰,庄卫林,等.汶川地震桥梁易损性分析[J].西南交通大学学报,2012,47(4):558-566.

[7] 陈力波.汶川地区公路桥梁地震易损性分析研究[D].成都:西南交通大学,2012.

[8] 陈力波,郑凯峰,栗怀广,等.基于扩展增量动力分析的桥梁地震易损性研究[J].公路交通科技,2012,29(9):43-49.

[9] 陈力波,黄才贵,谷音.基于改进响应面法的公路简支梁桥地震易损性分析[J].工程力学,2018,35(4):208-218.

[10] 陈彦江,郝朝伟,闫维明,等.考虑行波效应的高墩刚构桥地震易损性分析[J].世界地震工程,2016,32(3):179-184.

[11] 陈有库,谢礼立,杨玉成.群体震害的快速预测方法[J].地震工程与工程震动,1992,12(4):81-87.

[12] 成虎,李宏男,王东升,等.考虑锈蚀黏结退化的钢筋混凝土桥墩抗震性能分析[J].工程力学,2017,34(12):48-58.

[13] Choi ES, Desroches R, Nielson B. Seismic fragility of typical bridges in moderate seismic zones[J]. Engineering Structures, 2004, 26(2): 187-199.

[14] Christopher R, Roland LS. ATC-13: Earthquake damage evaluation data for California[R]. Redwood City, CAApplied Technology Council, 1985.

[15] Der Kiureghian A. Bayesian methods for seismic fragility assessment of life line components[J]. Acceptable Risk Processes-Lifelines and Natural Hazards, 2002, 61-77.

[16] 董俊,曾永平,单德山.高墩大跨铁路桥梁构件三维地震易损性分析[J].哈尔滨工业大

学学报,2019,51(3):141-149.

[17] 范刚,马洪生,张建经.汶川地震隧道概率易损性模型研究[J].铁道建筑,2012,40:40-43.

[18] 韩兴,李鑫,向宝山,等.基于IDA方法的高速铁路连续梁桥易损性分析[J].公路交通科技,2016,33(2):54-59.

[19] HAZUS-MH MR4 Earthquake model technical manual[M]. Washington, D. C.: Federal Emergency Management Agency. 2003.

[20] 胡少卿,孙柏涛,王东明.基于建筑物易损性分类的群体震害预测方法研究[J].地震工程与工程震动,2010,30(2):96-101.

[21] Hung JJ. Chi-Chi Earthquake Induced Landslides in Taiwan[J]. Civil Engineering Department, National Taiwan University, Taipei, Taiwan.

[22] Jernigan JB, Hwang H. Development of bridge fragility curves[C]. 7th US National Conference on Earthquake Engineering, 2002.

[23] 简涛,马玉宏,赵桂峰,等.隔震连续梁桥易损性分析中标准差的取值研究[J].地震工程与工程振动,2016,36(2):93-101.

[24] John B. Mander, Fragility Curve Development for Assessing the Seismic Vulnerability of Highway Bridges[J]. NIBS, University at Buffalo, State University of New York.

[25] John XZ, Zhang JJ. Attenuation relations of strong ground motion in Japan using site classification based on predominant period[J]. Bulktin of the Seismological Society of America, 2006,96(3):898-913.

[26] Karim KR, Yamazaki F. Effect of earthquake ground motions on fragility curves of highway bridge piers based on numerical simulation[J]. Earthquake Engineering & Structural Dynamics,2001,30(12): 1839-1856.

[27] Karim KR, Yamazaki F. A simplified method of constructing fragility curves for highway bridges[J]. Earthquake Engineering & Structural Dynamics,2003,32(10):1603-1626.

[28] Kim SH, Feng MQ. Fragility analysis of bridges under ground motion with spatial variation[J]. International Journal of Non-Linear Mechanics,2003,38(5):705-721.

[29] Kiremidjian A, Moore J, Fan Y Y, Yazlali O, Basoz N, Williams M. Seismic risk assessment of transportation network systems[J]. Journal of Earthquake Engineering, 2007, 11(3): 371-382.

[30] Lee R, Kiremidjian AS. Uncertainty and correlation for loss assessment of spatially distributed systems[J]. The Pacific Earthquake Engineering Research Center (PEER), 2007.

[31] 李宏男,成虎,王东升.桥梁结构地震易损性研究进展述评[J].工程力学,2018,35(9):1-16.

[32] 李杰.公路系统地震灾害损失评估方法研究[D].哈尔滨:中国地震局工程力学研究所,2012.

[33] 梁发云,刘兵,李静茹.考虑冲刷作用效应桥梁桩基地震易损性分析[J].地震工程学报,2017,39(1):13-20.

[34] 梁岩,闫佳磊,牛欢,等.考虑主余震作用的近海桥墩时变地震易损性分析[J].地震工程学报,2019,41(4):887-894.

[35] 廖燚.汶川地震公路路基震害调查分析及易损性研究[D].成都:西南交通大学,2012.

[36] Lu M,Li XJ,An XW,John XZ. A comparison of recorded response spectra from the 2008 Wenchuan,China,earthquake with modern ground motion prediction models[J]. Bulktin of the Seismological Society of America,2010,100(5B):2357-2380.

[37] Mackie K,Stojadinovic B. Seismic demands for performance-based design of bridges[R]. Pacific Earthquake Engineering Research Center,2003.

[38] Mackie KR,Stojadinovic B. Post-earthquake functionality of highway overpass bridges[J]. Earthquake Engineering & Structural Dynamics,2006,35(1):77-93.

[39] Mander JB,Basoz NI. Seismic fragility curve theory for highway bridges[C]. Proceedings of the 5th US Conference on Lifeline Earthquake Engineering,Seattle,Washington,1999.

[40] Mander JB. Fragility curve development for assessing the seismic vulnerability of highway bridges[M]. Research Progress and Accomplishments. Buffalo,NY;MCEER. 1999:1-10.

[41] 蒙云.桥梁加固与改造[M].重庆:重庆大学出版社,1989.

[42] Nielson BG,Desroches R. Analytical seismic fragility curves for typical bridges in the central and southeastern United States[J]. Earthquake Spectra. 2007,23(3):615-633.

[43] Nielson BG,Desroches R. Seismic fragility methodology for highway bridges using a component level approach[J]. Earthquake Engineering&Structural Dynamics,2007,36(6):823-839.

[44] Padgett JE,Desroches R. Sensitivity of seismic response and fragility to parameter uncertainty[J]. Journal of Structural Engineering-Asce,2007;133(12):1710-1718.

[45] Padgett JE,Desroches R. Methodology for the development of analytical fragility curves for retrofitted bridges[J]. Earthquake Engineering & Structural Dynamics. 2008,37(8):1157-1174.

[46] Padgett JE,Desroches R,Nilsson E. Regional seismic risk assessment of bridge network in Charleston,south Caxolina[J]. Journal of Earthquake Engineering,2010,14(6):918-933.

[47] Scawthorn C,Khater M,Rojahn C. ATC-25 Seismic vulnerability and impact of disruption of lifelines in the conterminous United States[R]. Applied Technology Council,1991.

[48] 单德山,周筱航,杨景超,等.结合地震易损性分析的桥梁地震损伤识别[J].振动与冲击,2017,36(16):195-201.

[49] 单德山,张二华,张少雄,等.非规则大跨刚构-连续组合桥地震易损性分析[J].防灾减灾工程学报,2017,37(2):208-214.

[50] 单德山,张二华,董俊,等.基于核密度估计的铁路桥梁构件地震易损性分析[J].铁道学报,2019,41(8):108-116.

[51] Shinozuka M. Statistical analysis of fragility curves,Department of Civil and Environmental Engineering University of Southern California.

[52] Shinozuka M,Feng MQ,Lee J,et al. Statistical analysis of fragility curves[J]. Journal of En-

gineering Mechanics-Asce,2000,126(12):1224-1231.

[53] Shinozuka M,Feng MQ,Kim HK,et al. Nonlinear static procedure for fragility curve development[J]. Journal of Engineering Mechanics-Asce,2000,126(12):1287-1295.

[54] Shinozuka M,Murachi Y,Dong X,Zhou YW,Orilikowski MJ. Effect of seismic retrofit of bridges on transportation networks[J]. Earthquake Engineering and Engineering Vibration,2003,2(2):169-179.

[55] 四川省交通厅公路规划勘察设计研究院,等.汶川地震公路震害评估、机理分析及设防标准评价(第二卷共四卷)汶川地震公路震害调查书,第三册 路基.[R].成都,2011.

[56] 四川省交通厅公路规划勘察设计研究院等.汶川地震公路震害评估、机理分析及设防标准评价(第二卷共四卷)汶川地震公路震害调查书,第四册 桥梁.[R].成都,2011.

[57] 四川省交通厅公路规划勘察设计研究院,等.汶川地震公路震害评估、机理分析及设防标准评价(第二卷共四卷)汶川地震公路震害调查书,第五册 隧道.[R].成都,2011.

[58] Singhal A,Kiremidjian AS. Method for developing motion damage relationship for reinforced concrete frames[D]. Department of Civil and Environment Engineering,Stanford University,1995.

[59] 宋帅,钱永久,吴刚.基于Copula函数的桥梁系统地震易损性方法研究[J].工程力学,2016,33(11):193-201.

[60] Stergiou E,Kiremidjian A S. Treatment of uncertainties in seismic risk analysis of transportation systems[J]. The Pacific Earthquake Engineering Research Center(PEER),2008.

[61] Sung YC,Su CK. Time-dependent seismic fragility curves on optimal retrofitting of neutralised reinforced concrete bridges[J]. Structure and Infrastructure Engineering,2011,7(10):797-805.

[62] Tanaka S,Kameda H,Nojima N,et al. Evaluation of seismic fragility for highway transportation systems[C]. 12th World Conference on Earthquake Engineering,Auckland,New Zealand,2000.

[63] Taylor C,Werner S,JakubowSki S. Walkthrough method for catastrophe decision making[J]. Natural Hazards Review,2001,2(4):193-202.

[64] 王晓伟,叶爱君,沈星,等.大跨度桥梁边墩横向减震体系的地震易损性分析[J].同济大学学报(自然科学版),2016,44(3):333-340.

[65] 魏标,李朝斌,蒋丽忠,等.高速铁路轨道-桥梁系统的地震易损性分析软件和风险评估软件研发[J].中国基础科学.科技计划,2018,6:41-46.

[66] Werner SD,Taylor CE,Moore JE. A risk-based methodology for assessing the seismic performance of highway systems[R]. Buffalo,New York Multidisciplinary Center for Earthquake Engineering Research,2000.

[67] 吴文朋,李立峰,胡思聪,等.公路桥梁地震易损性分析的研究综述与展望[J].地震工程与工程振动,2017,37(4):85-96.

[68] 吴文朋,李立峰,徐卓君,等.不确定性对钢筋混凝土桥梁系统地震易损性的影响[J].地震工程与工程振动,2018,38(6):161-170.

[69] 吴文朋,李立峰.桥梁结构系统地震易损性分析方法研究[J].振动与冲击,2018,37

(21):273-280.
[70] Yamazaki F,Motomura H,Hamada T. Damage assessment of expressway networks in Japan based on seismic monitoring[C]. 12th World Conference on Earthquake Engineering,Auckland,New Zealand,2000.
[71] 尹之潜,李树桢,杨淑文,等.震害与地震损失的估计方法[J].地震工程与工程震动,1990,10(1):99-108.
[72] 尹之潜.地震灾害损失预测的动态分析模型[J].自然灾害学报,1994,3,2.
[73] 张菊辉,胡世德.桥梁地震易损性分析的研究现状[J].结构工程师,2005,21(5):76-80.
[74] Zhang J. Huo Y, Brandenberg SJ, et al. Effects of structural characterizations on fragility functions of bridges subject to seismic shaking and lateral spreading [J]. Earthquake Engineering and Engineering Vibration,2008,7(4):369-382.
[75] 张向辉,王艳玉.建筑工程造价案例[M].哈尔滨:哈尔滨工程大学出版社,2008.
[76] 赵建锋,孙伟帅,李刚.不同轴压比钢筋混凝土圆柱桥墩地震易损性分析[J].世界地震工程 2018,34(4):31-37.
[77] 中华人民共和国交通运输部.公路隧道养护技术规范:JTG H12—2003[S].北京:人民交通出版社,2003.
[78] 中华人民共和国国家质量监督检验检疫总局,中国国家标准化管理委员会.地震现场工作 第4部分:灾害直接损失评估:GB/T 18208.4—2011[S].北京:中国标准出版社,2011.
[79] 周光全,谭文红,施伟华,等.云南地区房屋建筑的震害矩阵[J].中国地震,2007,23(2):115-123.
[80] 周直.公路工程造价原理与编制[M].北京:人民交通出版社,2002.
[81] 卓卫东,颜全哲,吴梅容,等.中承式钢管混凝土拱桥地震易损性分析[J].铁道学报,2019,41(5):126-132.